できたよ☆シート

べんきょうが おわった ページの ばんごうに
「できたよシール」を はろう!

1 2 3 4

9 8 7 6 5

10 11 12 13 14

19 18 17 16（算数パズル） 15

20 21 22 23 24 25

30 29 28 27 26

31 32 33 34 35 36

39（まとめテスト） 38（算数パズル） 37

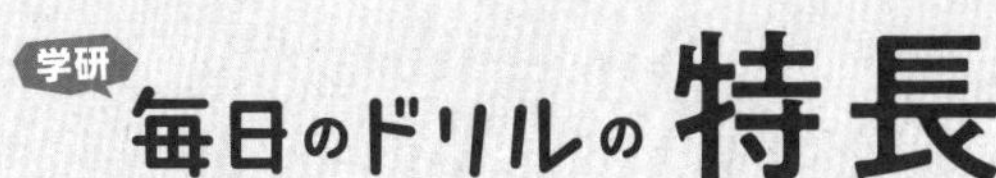

学研 毎日のドリルの 特長

やりきれるから自信がつく!

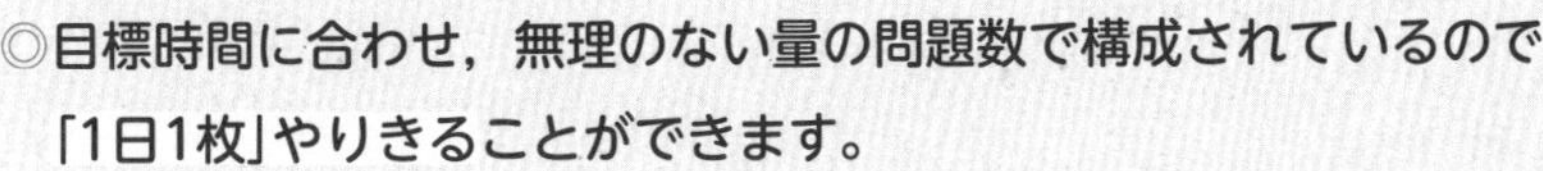

1日1枚の勉強で，学習習慣が定着！

◎目標時間に合わせ，無理のない量の問題数で構成されているので，「1日1枚」やりきることができます。

◎解説が丁寧なので，まだ学校で習っていない内容でも勉強を進めることができます。

すべての学習の土台となる「基礎力」が身につく！

◎スモールステップで構成され，1冊の中でも繰り返し練習していくので，確実に「基礎力」を身につけることができます。「基礎」が身につくことで，発展的な内容に進むことができるのです。

◎教科書に沿っているので，授業の進度に合わせて使うこともできます。

勉強管理アプリの活用で，楽しく勉強できる！

◎設定した勉強時間にアラームが鳴るので，学習習慣がしっかりと身につきます。

◎時間や点数などを登録していくと，成績がグラフ化されたり，賞状をもらえたりするので，達成感を得られます。

◎勉強をがんばると，キャラクターとコミュニケーションを取ることができるので，日々のモチベーションが上がります。

学研 毎日のドリルの使い方

1 1日1枚，集中して解きましょう。

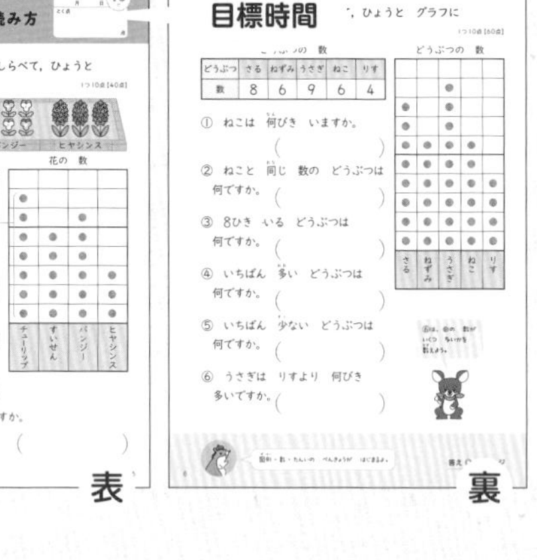

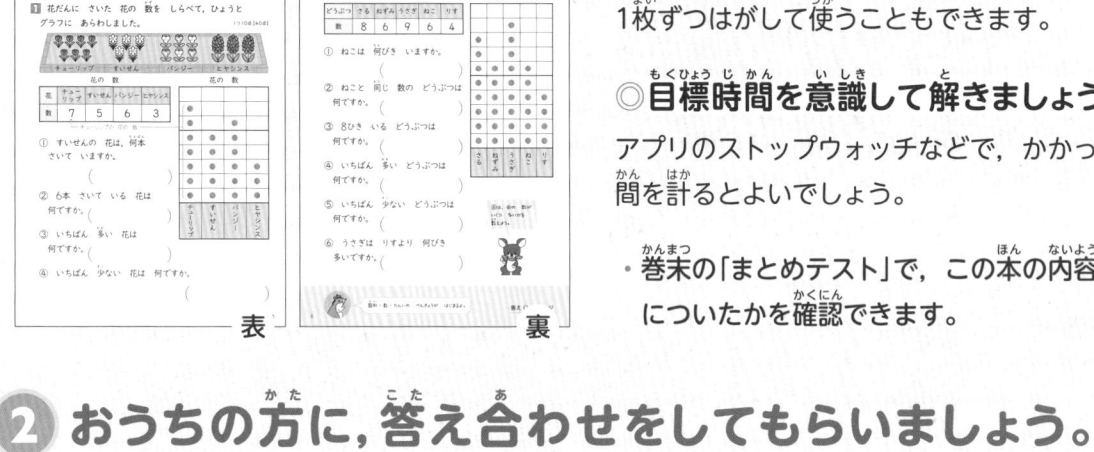

◎1回分は，1枚（表と裏）です。

1枚ずつはがして使うこともできます。

◎目標時間を意識して解きましょう。

アプリのストップウォッチなどで，かかった時間を計るとよいでしょう。

・巻末の「まとめテスト」で，この本の内容が身についたかを確認できます。

2 おうちの方に，答え合わせをしてもらいましょう。

・本の最後に，「答えとアドバイス」があります。

・答え合わせをして，点数をつけてもらいましょう。

できなかった問題を
解き直すと，
より力がつくよ！

3 「できたよシート」に，「できたよシール」をはりましょう。

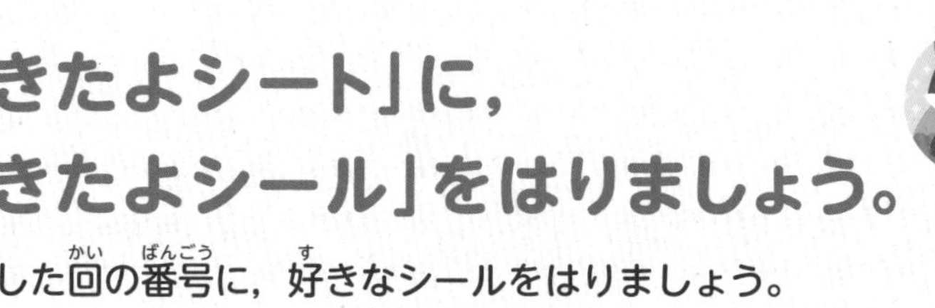

・勉強した回の番号に，好きなシールをはりましょう。

4 アプリに得点を登録しましょう。

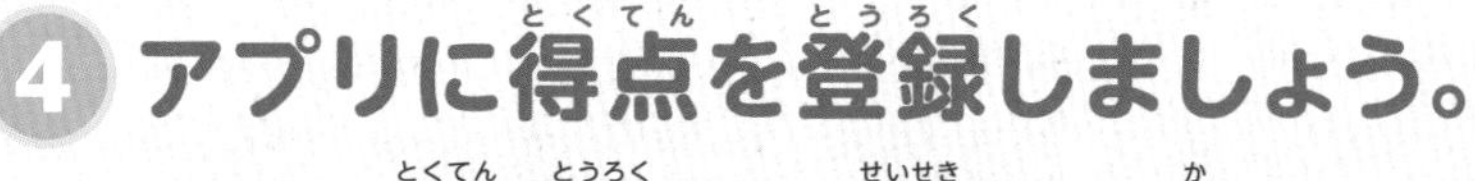

・アプリに得点を登録すると，成績がグラフ化されます。

・勉強すると，キャラクターが育ちます。

無料
ダウンロード
毎日のドリル
勉強管理アプリ
アプリといっしょだと，ドリルが楽しく進む!?
今日の分の毎ドリ終わった?
コンコン
ぼくのへや
今やってるところー
うそはいけないっきゅ!
わっ!?
だれ!?
どこから来たの!?
キミの毎ドリが進むようにすばらしいものを持ってきたっきゅ
なに なに?
とりあえずやってみるっきゅ
ストップウォッチスタート!!
おっ!
時間をはかってくれるんだ!
0分21秒
目標：15分00秒
よーしっ!!
できたーーっ!!
いつもよりどんどん解けた気がする!
時間を意識してるから集中できるんだっきゅ!
さらに!
得点をアプリに入力するとグラフになるんだ!
すっげー!!
この「1」ってなんだろ?
タッチしてみるっきゅ
ポン
一回終わるごとにぼくがエサを食べられるんだっきゅ
ドリルを進めるとかっこいいわざをおぼえたりすてきな部屋が手に入ったりするよ
よーしっ
あしたもがんばるぞ!
二か月後
よっしゃー!
ドリルが終わったぞ!
一冊やりきったら賞状とメダルがもらえたよ!
次はどのドリルに挑戦しようかな!
賞状 ぼくどの
あなたは、3年「かけ算」をしゅうりょうしましたので、ここにこれをしょうしょうします。たいへん、すばらしいです!

毎日のドリル 勉強管理アプリ

「毎日のドリル」シリーズ専用，スマートフォン・タブレットで使える無料アプリです。
1つのアプリでシリーズすべてを管理でき，学習習慣が楽しく身につきます。

1 「毎日のドリル」の学習を徹底サポート！

毎日の勉強タイムをお知らせする「タイマー」

かかった時間を計る「ストップウォッチ」

勉強した日を記録する「カレンダー」

入力した得点を「グラフ化」

2 キャラクターと楽しく学べる！

好きなキャラクターを選ぶことができます。勉強をがんばるとキャラクターが育ち，「ひみつ」や「ワザ」が増えます。

3 1冊終わると，ごほうびがもらえる！

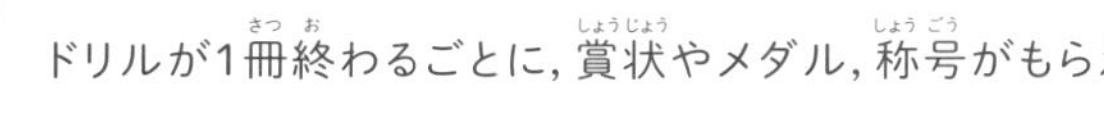

ドリルが1冊終わるごとに，賞状やメダル，称号がもらえます。

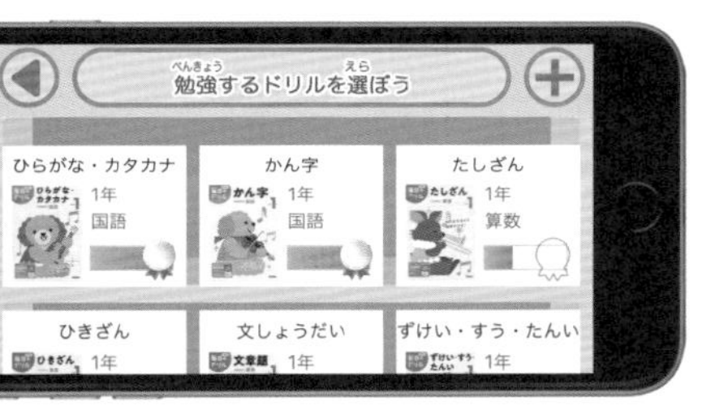

4 漢字と英単語のゲームにチャレンジ！

ゲームで，どこでも手軽に，楽しく勉強できます。漢字は学年別，英単語はレベル別に構成されており，ドリルで勉強した内容の確認にもなります。

アプリの無料ダウンロードはこちらから！

https://gakken-ep.jp/extra/maidori/

【推奨環境】
- 各種Android端末：対応OS Android6.0以上 ※対応OSであっても，Intel CPU（x86 Atom）搭載の端末では正しく動作しない場合があります。
- 各種iOS（iPadOS）端末：対応OS iOS10以上 ※対応OS や対応機種については，各ストアでご確認ください。

※お客様のネット環境および携帯端末によりアプリをご利用できない場合，当社は責任を負いかねます。
また，事前の予告なく，サービスの提供を中止する場合があります。ご理解，ご了承いただきますよう，お願いいたします。

1 ひょうと グラフ
ひょうや グラフの 読み方

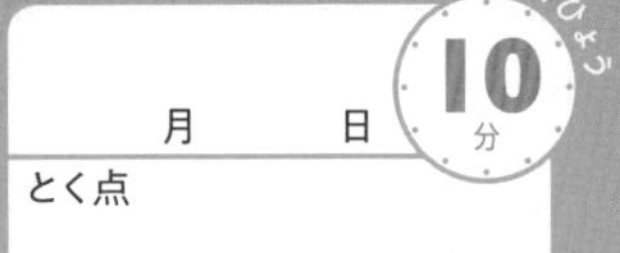

1 花だんに さいた 花の 数を しらべて，ひょうと グラフに あらわしました。

1つ10点【40点】

花の 数

花	チューリップ	すいせん	パンジー	ヒヤシンス
数	7	5	6	3

チューリップの 花の 数

花の 数

●			
●		●	
●	●	●	
●	●	●	
●	●	●	●
●	●	●	●
●	●	●	●
チューリップ	すいせん	パンジー	ヒヤシンス

① すいせんの 花は，何本 さいて いますか。

(　　　　　)

② 6本 さいて いる 花は 何ですか。(　　　　　)

③ いちばん 多い 花は 何ですか。(　　　　　)

④ いちばん 少ない 花は 何ですか。

(　　　　　)

2 どうぶつの　数を　しらべて，ひょうと　グラフに　あらわしました。

1つ10点【60点】

どうぶつの　数

どうぶつ	さる	ねずみ	うさぎ	ねこ	りす
数	8	6	9	6	4

どうぶつの　数

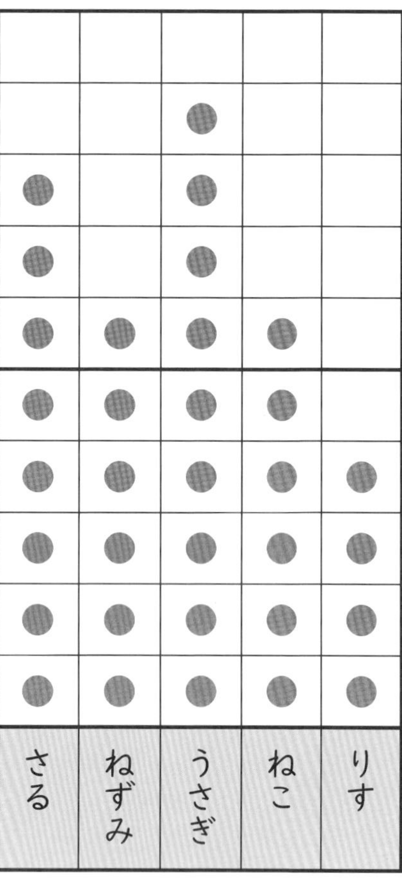

① ねこは　何びき　いますか。

(　　　　　　　　)

② ねこと　同じ　数の　どうぶつは　何ですか。

(　　　　　　　　)

③ 8ひき　いる　どうぶつは　何ですか。

(　　　　　　　　)

④ いちばん　多い　どうぶつは　何ですか。

(　　　　　　　　)

⑤ いちばん　少ない　どうぶつは　何ですか。

(　　　　　　　　)

⑥ うさぎは　りすより　何びき　多いですか。

(　　　　　　　　)

⑥は，●の　数が　いくつ　多いかを　数えよう。

図形・数・たんいの　べんきょうが　はじまるよ。

答え ▶ 83ページ

ひょうと　グラフ

2 ひょうや　グラフの あらわし方

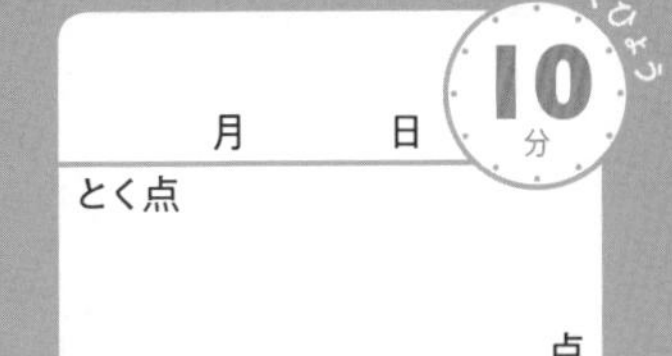

1 下の　絵を　見て　答えましょう。

1つ10点【40点】

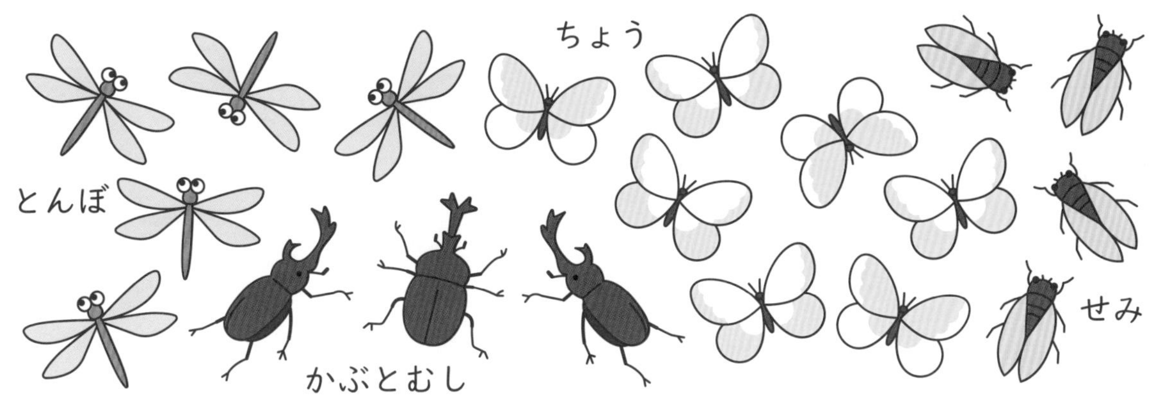

① 虫の　数を　しらべて，下の　ひょうに　書きましょう。

虫の　数

虫	とんぼ	ちょう	かぶとむし	せみ
数	5			

とんぼの　数

虫の　数

●			
●			
●			
●			
●			
とんぼ	ちょう	かぶとむし	せみ

② 虫の　数を，●を　つかって，
右の　グラフに　あらわしましょう。

③ 4ひき　いる　虫は　何ですか。

(　　　　　　　　)

④ いちばん　多い　虫は　何ですか。

(　　　　　　　　)

2 下の 絵を 見て 答えましょう。

1つ15点【60点】

① くだものの 数を しらべて，下の ひょうに 書きましょう。

しるしを つけながら 数えると，数えまちがいが 少なく なるよ。

くだものの 数

くだもの	りんご	いちご	もも	みかん	バナナ
数					

② くだものの 数を，●を つかって，右の グラフに あらわしましょう。

くだものの 数

りんご	いちご	もも	みかん	バナナ

③ りんごと 同じ 数の くだものは 何ですか。

（　　　　　　　　）

④ いちごは ももより 何こ 多いですか。

（　　　　　　　　）

ひょうや グラフに あらわす しかたは わかったね。

答え ▶ 83ページ

3 時こくと　時間①

月　　日　10分

とく点　　点

1 つぎの　時こくを，午前，午後を　つけて　答えましょう。

1つ6点【24点】

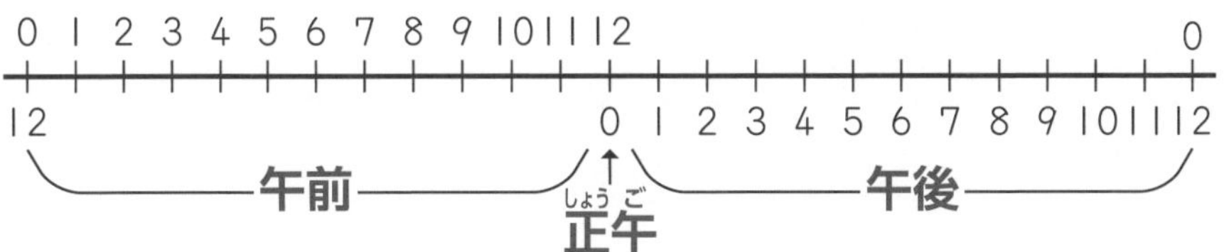

① 朝

(　　　　)

② 夜

(　　　　)

③ 夕方

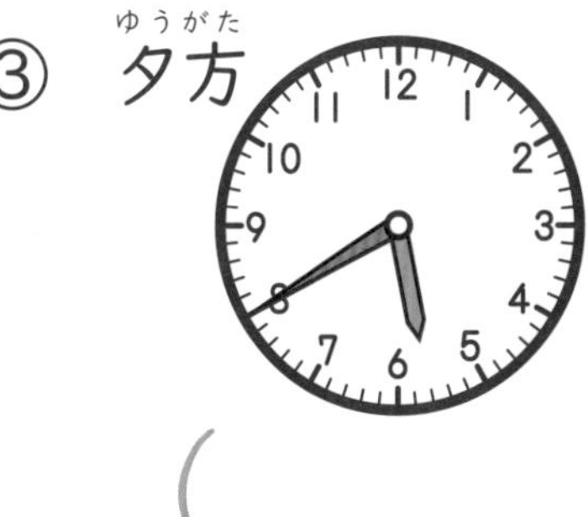

(　　　　)

④ 昼

(　　　　)

2 □に　あてはまる　数を　書きましょう。

1つ5点【15点】

① 1時間＝□分

② 1日＝□時間

③ 午前と　午後は，それぞれ　□時間

時計の　長い　はりが
ひとまわりすると，60めもり
すすんだ　ことに　なるよ。

3 つぎの　時こくを，午前，午後を　つけて　答えましょう。

1つ9点【36点】

① 夕食を食べる。

（　　　　　）

② 朝　おきて　はを　みがく。

（　　　　　）

③ 学校で　算数の　べんきょうを　する。

（　　　　　）

④ 学校の　図書室で　本を　読む。

（　　　　　）

4 □に　あてはまる　数を　書きましょう。

1つ5点【25点】

① 1時間5分＝□分

② 1時間20分＝□分

③ 1時間40分＝□分

④ 70分＝□時間□分

⑤ 90分＝□時間□分

もくひょうの　時間を　まもって　やれたね。

答え ▶ 83ページ

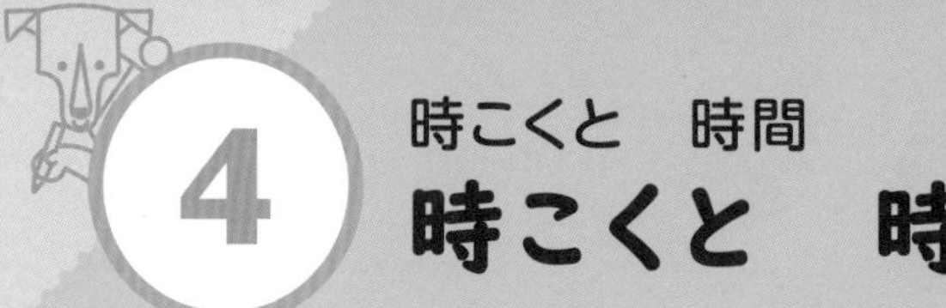

4 時こくと　時間②

10分　もくひょう

月　　日

とく点　　　点

1 つぎの　時こくを　答えましょう。

1つ6点【24点】

あ（午前）

① あの　30分前　（　　　　）

② あの　50分後　（　　　　）

└30分後の　時こくが　午前10時

③ あの　1時間前　（　　　　）

い（午前）

④ いの　3時間後　（　　　　）

└1時間後の　時こくが　正午

2 つぎの　時間を　答えましょう。

1つ6点【12点】

あ（午前）　い（午前）　う（午後）

① あから　いまでの　時間　（　　　　）

② いから　うまでの　時間　（　　　　）

└いから　正午までの　時間は　3時間

3 つぎの　時(じ)こくや　時間(じかん)を　答(こた)えましょう。　1つ8点【64点】

あ（午後(ごご)）

① あの　20分前(ぷんまえ)の　時こく

（　　　　）

② あの　15分後(ふんあと)の　時こく

（　　　　）

③ あの　55分前の　時こく

（　　　　）

④ あの　1時間後の　時こく

（　　　　）

い（午前(ごぜん)）

⑤ いから　午前7時55分までの　時間

（　　　　）

⑥ いから　午前9時までの　時間

（　　　　）

う（午後）

⑦ うの　6時間前の　時こく

（　　　　）

⑧ 午前6時から　うまでの　時間

（　　　　）

あそんで　いると，時間が　すぐ　たつね。

答え ▶ 84ページ

100を　こえる　数

5 100を　こえる　数の　あらわし方

1 ぼうの　数を　数字で　書きましょう。　1つ5点【20点】

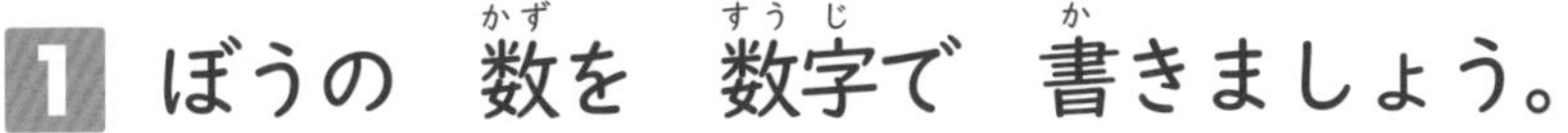

①

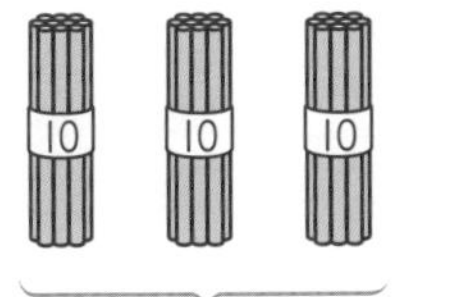
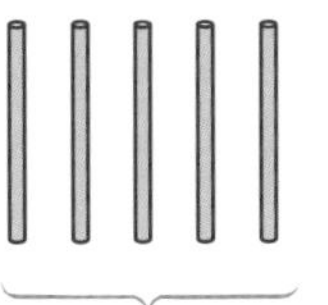

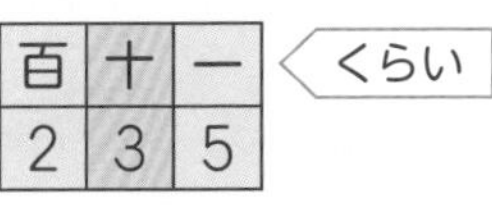

百	十	一
2	3	5

（　　　）

②

（　　　）

③

（　　　）

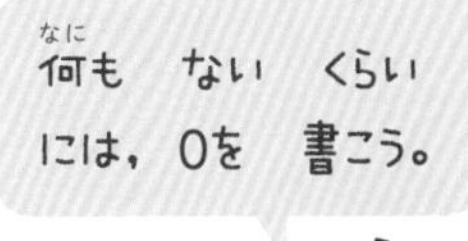

④

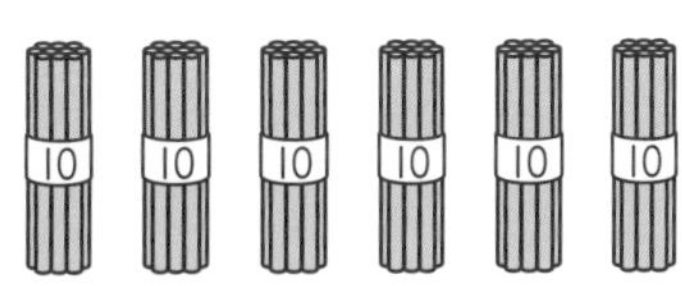

（　　　）

2 つぎの　数を　数字で　書きましょう。　1つ5点【20点】

① 三百五十八

百	十	一
3	5	8
↑三百	↑五十	↑八

くらい

（　　　）

② 六百十

（　　　）

③ 五百三

（　　　）

④ 九百

（　　　）

3 紙の　数を　数字で　書きましょう。　　1つ6点【24点】

① (　　　　)

② (　　　　)

③ (　　　　)

④ (　　　　)

4 つぎの　数を　数字で　書きましょう。　　1つ6点【36点】

① 七百三十五 (　　　　)

② 三百九十六 (　　　　)

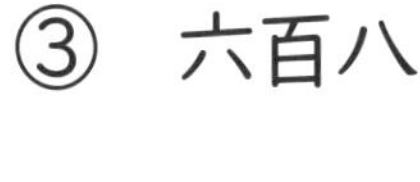

③ 六百八 (　　　　)

④ 九百七十 (　　　　)

⑤ 八百 (　　　　)

⑥ 四百七 (　　　　)

今日も　さいごまで　できたね。

答え ▶ 84ページ

6 100を　こえる　数の　しくみ

1 □に　あてはまる　数(かず)を　書(か)きましょう。

ぜんぶ　できて　1つ8点【48点】

① 100を　2こ，10を　6こ，1を　3こ　あわせた　数は □ です。

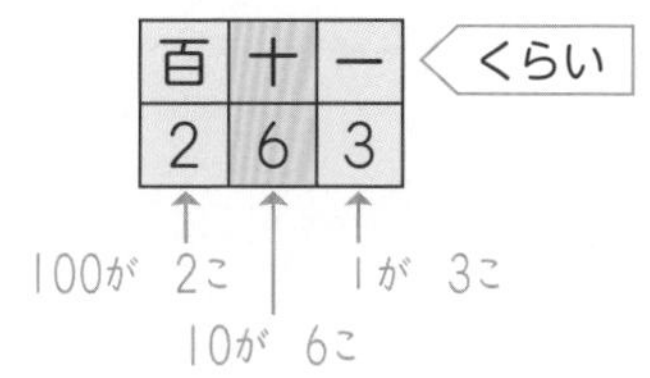

② 100を　4こ，10を　7こ　あわせた　数は □ です。

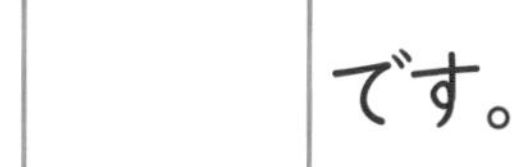

③ 529は，100を □ こ，10を □ こ，1を □ こ　あわせた　数です。

④ 百のくらいが　3，十のくらいが　8，一のくらいが　6の　数は □ です。

⑤ 270の　百のくらいの　数字(すうじ)は □，十のくらいの　数字は □，一のくらいの　数字は □ です。

⑥ 419は，400と　10と　9を　あわせた　数です。これを　しきに　あらわすと，

419＝□＋□＋□ と　なります。

しきを　つかって　数を　あらわす　ことも　できるよ。

2 □に あてはまる 数(かず)を 書(か)きましょう。

ぜんぶ できて 1つ8点【40点】

① 100を 3こ，10を 9こ，1を 7こ あわせた 数は □です。

② 100を 6こ，1を 3こ あわせた 数は □です。

③ 825は，100を □こ，10を □こ，1を □こ あわせた 数です。

④ 260は，100を □こ，10を □こ あわせた 数です。

⑤ 百のくらいが 7，十のくらいが 0，一のくらいが 5の 数は □です。

3 つぎの 文を しきに あらわしましょう。 1つ6点【12点】

① 280は，200と 80を あわせた 数です。

280＝□＋□

② 600と 4を あわせた 数は，604です。

□＋□＝604

スラスラ できたかな？ その ちょうし！

答え ▶ 84ページ

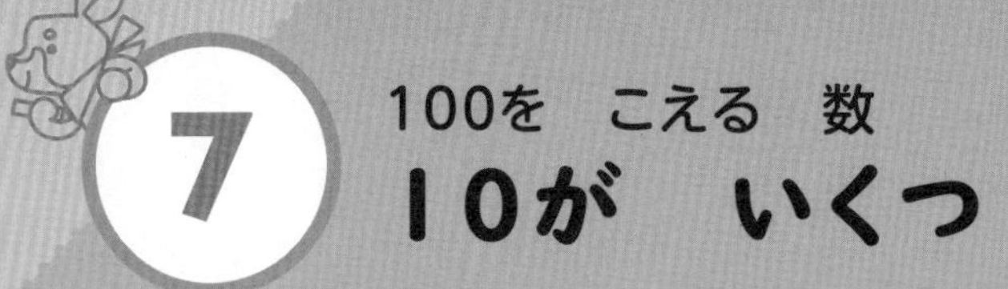

7 100を　こえる　数
10が　いくつ

月　　日　もくひょう 10分
とく点　　　　点

1 つぎの　数(かず)を　数字(すうじ)で　書(か)きましょう。　1つ5点【20点】

① 10を　15こ　あつめた　数（　　　　）

10が　15こ ＜ 10が　10こ→100 ／ 10が　5こ→ 50 ＞ 150

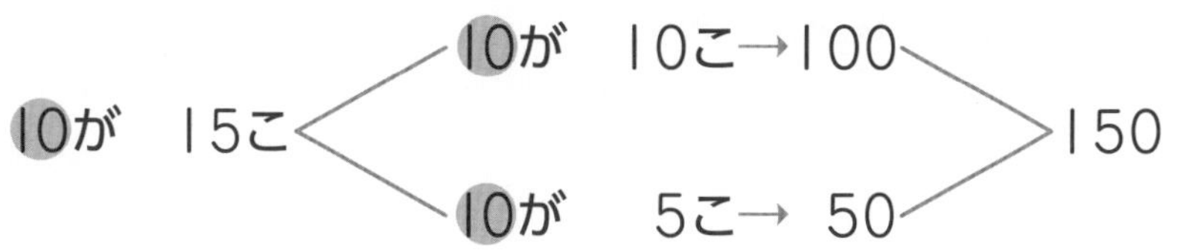

10円玉が　10こで
100円だね。

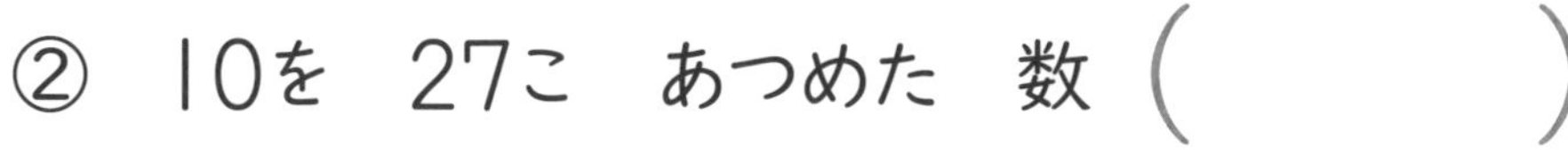

② 10を　27こ　あつめた　数（　　　　）

③ 10を　40こ　あつめた　数（　　　　）

④ 10を　83こ　あつめた　数（　　　　）

2 つぎの　数は，10を　何(なん)こ　あつめた　数ですか。　1つ5点【20点】

① 280（　　　　）

280 ＜ 200→10が　20こ ／ 80→10が　8こ ＞ 10が　28こ

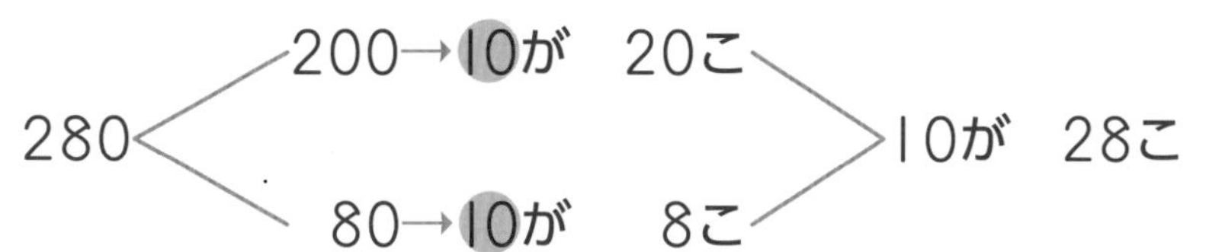

100円玉　1こは
10円玉　10こに
かえられるね。

② 360（　　　　）

③ 500（　　　　）

④ 740（　　　　）

3 つぎの　数を　数字で　書きましょう。

1つ5点【30点】

① 10を　12こ　あつめた　数　(　　　)

② 10を　60こ　あつめた　数　(　　　)

③ 10を　45こ　あつめた　数　(　　　)

④ 10を　71こ　あつめた　数　(　　　)

⑤ 10を　59こ　あつめた　数　(　　　)

⑥ 10を　87こ　あつめた　数　(　　　)

4 つぎの　数は，10を　何こ　あつめた　数ですか。

1つ5点【30点】

① 800　(　　　)

② 310　(　　　)

③ 550　(　　　)

④ 620　(　　　)

⑤ 730　(　　　)

⑥ 940　(　　　)

おつかれさま！　今日も　がんばったね。

答え ▶ 85ページ

8 100を　こえる　数の　ならび方

1 □に　あてはまる　数を　書きましょう。　1つ3点【21点】

①

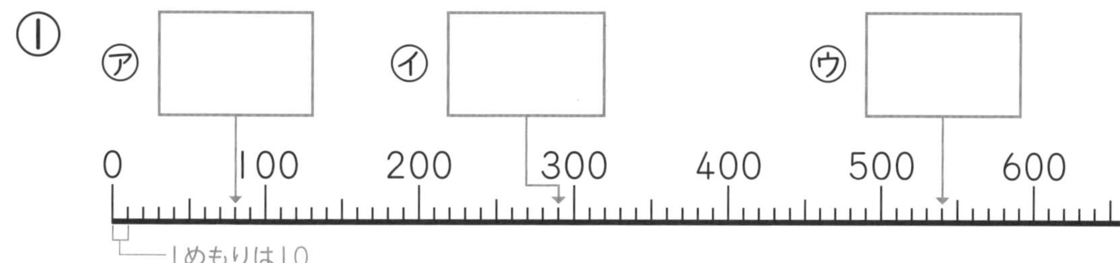

②

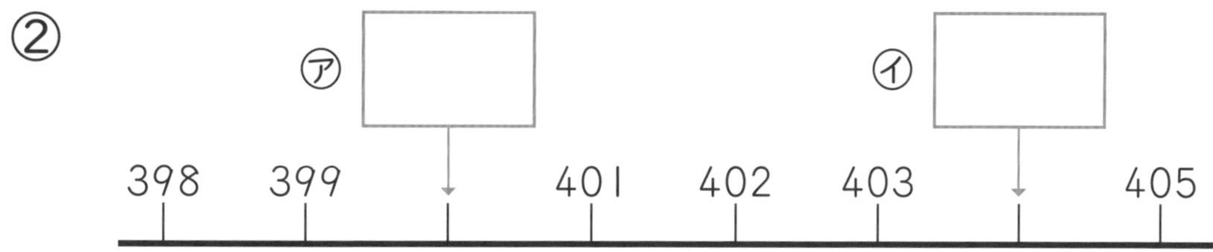

③

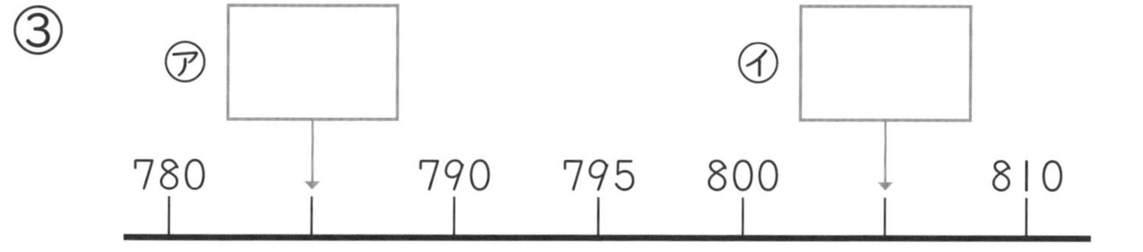

1めもりが　いくつかを　考えよう。

2 □に　あてはまる　数を　書きましょう。　1つ4点【24点】

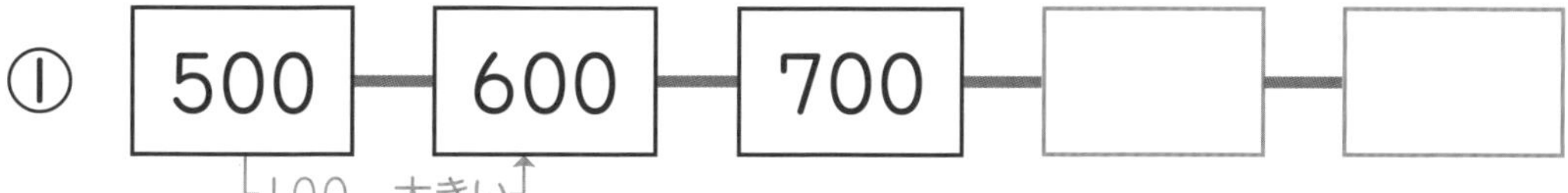

① 500 — 600 — 700 — □ — □

100　大きい

② 200 — 250 — □ — 350 — □

③ 670 — 680 — 690 — □ — □

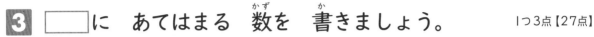

3 □に あてはまる 数を 書きましょう。 1つ3点【27点】

①

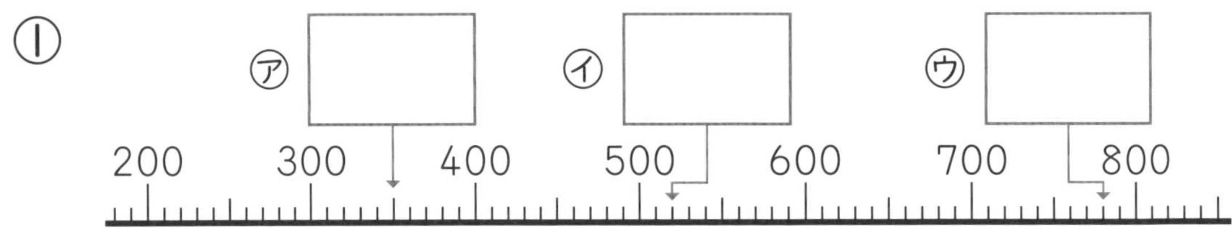

②

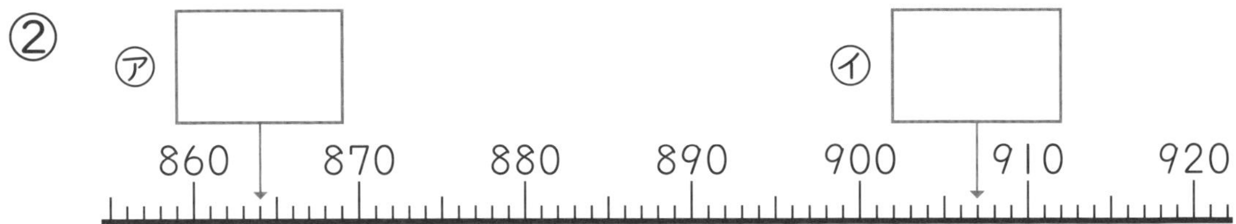

③

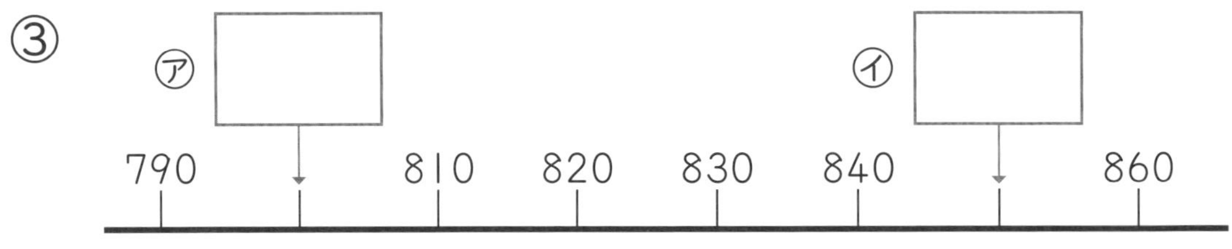

④

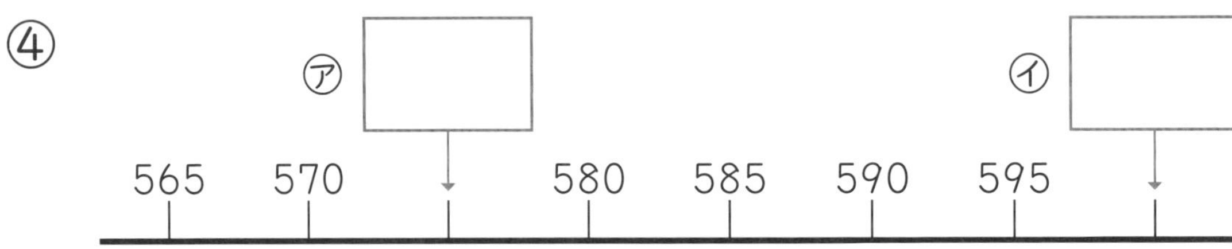

4 □に あてはまる 数を 書きましょう。 1つ4点【28点】

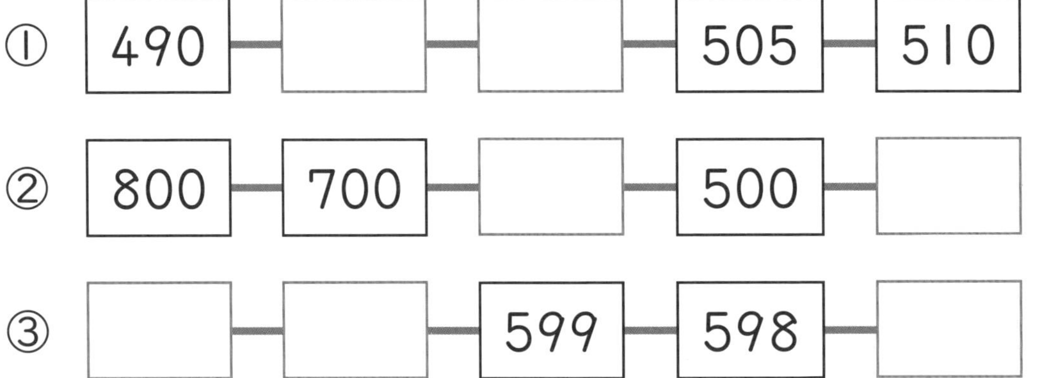

気分が のらない ときは，リフレッシュして がんばろう！

答え ▶ 85ページ

9 100を こえる 数 1000までの 数

1 □に あてはまる 数を 書きましょう。 1つ5点【20点】

① 100を □ こ あつめた 数は 1000です。

② 900は，あと □ で 1000に なります。

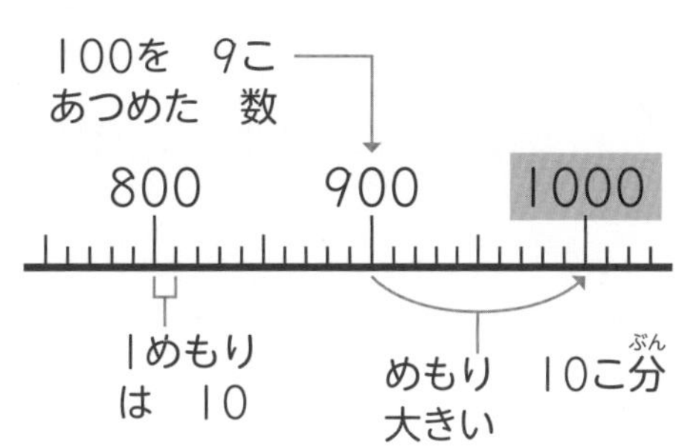

③ 1000より 40 小さい 数は，□ です。

④ 1000より 2 小さい 数は，□ です。

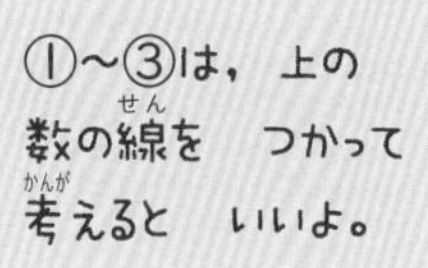

①〜③は，上の
数の線を つかって
考えると いいよ。

2 670に ついて，□に あてはまる 数を 書きましょう。 1つ7点【21点】

① 670は，□ と 70を あわせた 数です。

600 700
670

② 670は，□ より 30 小さい 数です。

③ 670は，10を □ こ あつめた 数です。

3 □に あてはまる 数(かず)を 書(か)きましょう。 1つ5点【35点】

①

㋐ □　㋑ □

500　600　700　800　900　1000

②

㋐ □　㋑ □

965　970　980　985　990　995

③ 1000より 200 小さい 数は □ です。

④ 1000より 7 小さい 数は □ です。

⑤ 1000は，10を □ こ あつめた 数です。

4 860に ついて，□に あてはまる 数を 書きましょう。 1つ8点【24点】

① 860は，800と □ を あわせた 数です。

② 860は，900より □ 小さい 数です。

③ 860は，10を □ こ あつめた 数です。

何百(なんびゃく)や 千の 数は もう わかったかな？

答え ▶ 85ページ

10 100を こえる 数
数の 大小

1 □に あてはまる >，<を 書(か)きましょう。 1つ4点【16点】

① 362 [>] 349

大きい くらいの 数字(すうじ)から じゅんに くらべる。

3 6 2 ⬅大きい
3 4 9
同(おな)じ↑ ↑6は 4より 大きい

② 498 □ 581

③ 679 □ 675　　④ 99 □ 101

2 □に あてはまる 数字を ぜんぶ 書きましょう。 1つ4点【8点】

① 70□ < 704　　② 2□3 > 270

（　　　　　）　（　　　　　）

3 3けたの 数(かず)を 書いた カードが あります。□に あてはまる >，<を 書きましょう。 1つ4点【8点】

① 29■ □ 381　　② 960 □ 95■

4 □に あてはまる >，<，＝を 書きましょう。 1つ4点【12点】

① 150 □ 90＋40　　② 600 □ 630－30

③ 40＋60 □ 103

数と しきの 大小も しきで あらわせるね。

5 □に あてはまる>，<を 書きましょう。 1つ4点【24点】

① 517 □ 478　　② 968 □ 976

③ 754 □ 746　　④ 393 □ 392

⑤ 989 □ 1000　　⑥ 640 □ 605

6 □に あてはまる 数字を ぜんぶ 書きましょう。 1つ4点【8点】

① 183 > 18□　　② 459 < 4□0

（　　　　　）　　（　　　　　）

7 3けたの 数を 書いた カードが あります。□に あてはまる >，<を 書きましょう。 1つ4点【8点】

① 4■2 □ 493　　② 1■6 □ 105

8 □に あてはまる >，<，＝を 書きましょう。 1つ4点【16点】

① 40＋80 □ 130　　② 160－90 □ 70

③ 310 □ 390－90　　④ 140 □ 90＋60

今日で 10回。この ちょうしで がんばろう。

答え ▶ 86ページ

11 1000を　こえる　数の　あらわし方

1 紙の　数を　数字で　書きましょう。　1つ5点【15点】

①

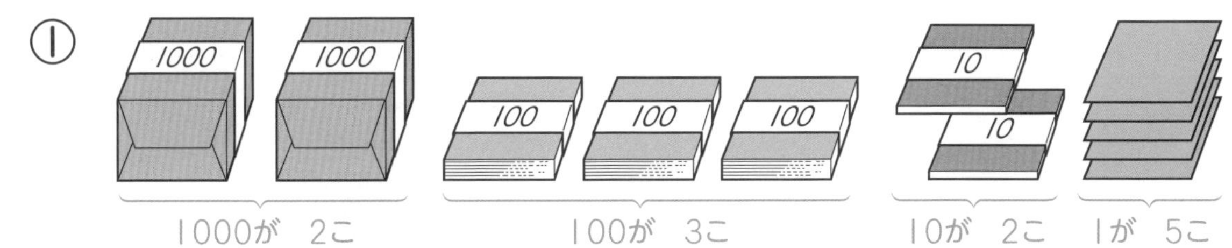

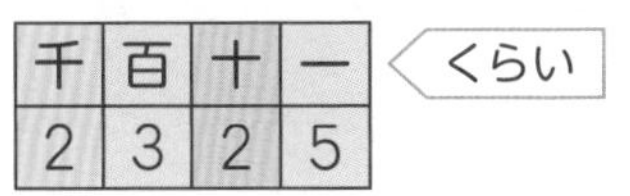

千	百	十	一
2	3	2	5

くらい

(　　　　)

②

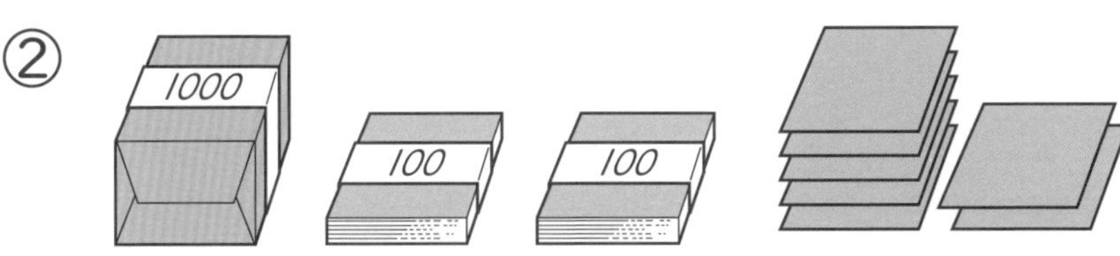

(　　　　)

③

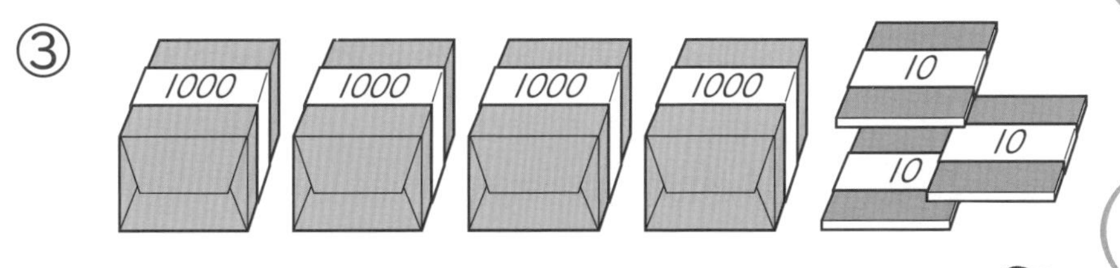

(　　　　)

何も　ない　くらいに　0を
書くのを　わすれずに。

2 つぎの　数を　数字で　書きましょう。　1つ7点【28点】

① 二千七百六十九

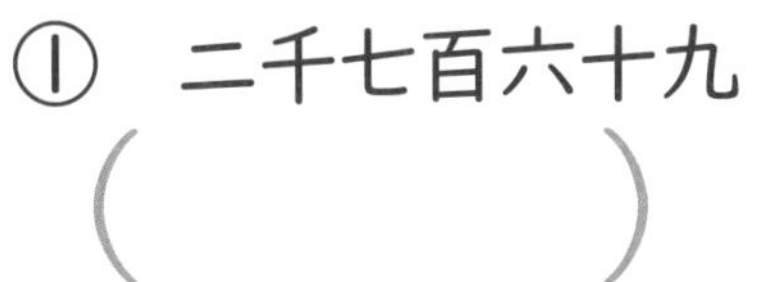

(　　　　)

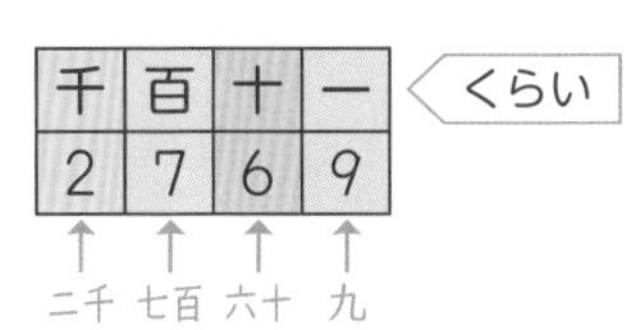

千	百	十	一
2	7	6	9

くらい

↑二千　↑七百　↑六十　↑九

② 四千八百五十

(　　　　)

③ 五千六十四

(　　　　)

④ 七千九百

(　　　　)

3 紙(かみ)の　数(かず)を　数字(すうじ)で　書(か)きましょう。　1つ5点【15点】

①

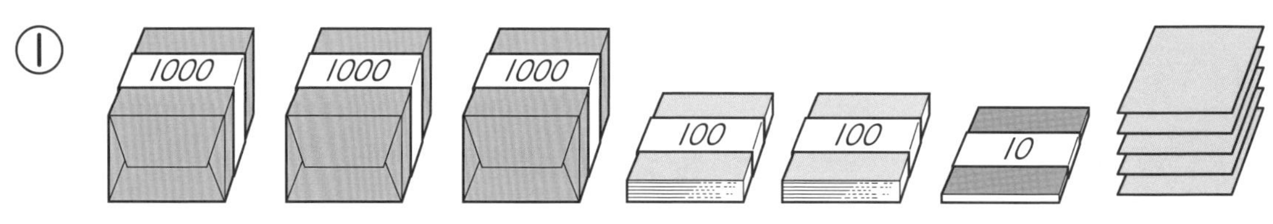

（　　　　）

②

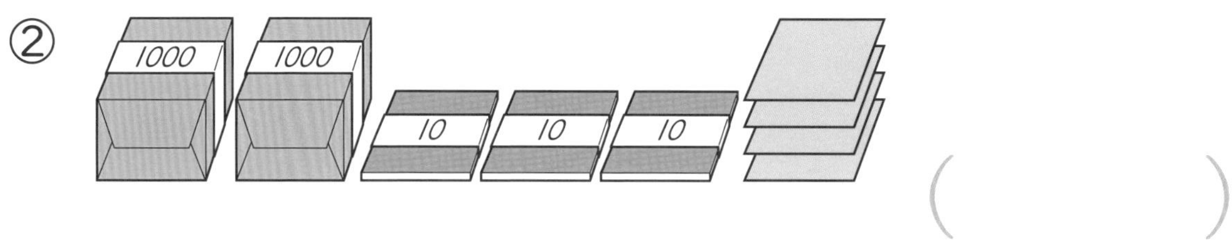

（　　　　）

③

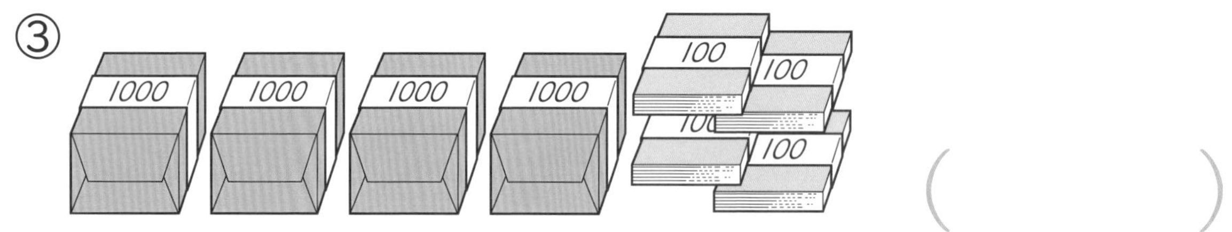

（　　　　）

4 つぎの　数を　数字で　書きましょう。　1つ7点【42点】

① 三千八百二十五　（　　　　）

② 八千九百七　（　　　　）

③ 五千七十六　（　　　　）

④ 七千三十　（　　　　）

⑤ 九千六百　（　　　　）

⑥ 六千八　（　　　　）

アプリに，とく点(てん)を　とうろくしよう！

答え ▶ 86ページ

12 1000を　こえる　数の しくみ

ぜんぶ　できて　1つ8点【40点】

① 1000を　3こ，100を　5こ，10を　6こ，1を　2こ

あわせた　数は □ です。

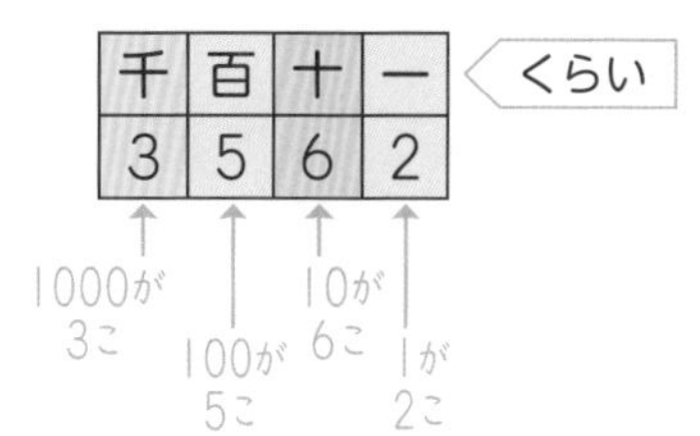

② 1000を　4こ，100を　2こ，
10を　8こ　あわせた　数は

□ です。

②では，1は　何(なに)も
ないから，一のくらいの
数字(すうじ)は　0だね。

③ 2907は，1000を □ こ，100を □ こ，1を

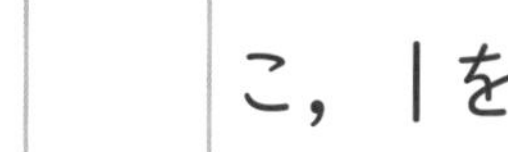

□ こ　あわせた　数です。

④ 千のくらいが　3，百のくらいが　9，十のくらいが　8，

一のくらいが　6の　数は □ です。

⑤ 5430は，5000と　400と　30を　あわせた　数です。
これを　しきに　あらわすと，

5430＝□＋□＋□ と　なります。

2 □に あてはまる 数を 書きましょう。

ぜんぶ できて 1つ10点【40点】

① 1000を 7こ，10を 9こ，1を 2こ あわせた 数は □ です。

② 1000を 5こ，1を 3こ あわせた 数は □ です。

③ 8704は，1000を □ こ，100を □ こ，1を □ こ あわせた 数です。

④ 9600は，1000を □ こ，100を □ こ あわせた 数です。

3 つぎの 文を しきに あらわしましょう。

1つ10点【20点】

① 8029は，8000と 20と 9を あわせた 数です。

8029＝□＋□＋□

② 6000と 5を あわせた 数は，6005です。

□＋□＝6005

べんきょうは 毎日の つみかさねが だいじだよ。

答え ▶ 86ページ

13

1000を　こえる　数

100が　いくつ

月　　日　10分

とく点

点

1 つぎの　数(かず)を　数字(すうじ)で　書(か)きましょう。 1つ5点【20点】

① 100を　16こ　あつめた　数　(　　　)

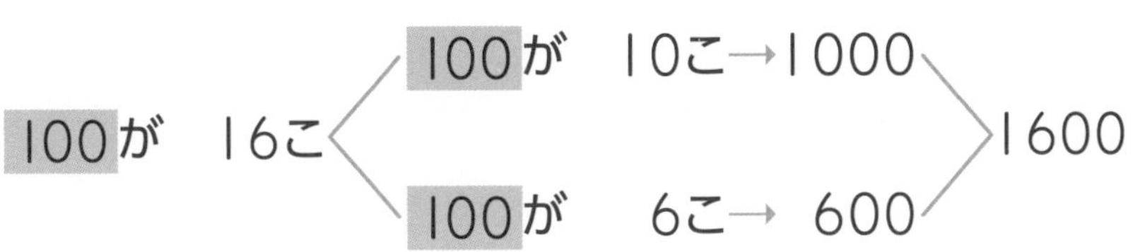

100円玉が　10こで
1000円だね。

② 100を　28こ　あつめた　数　(　　　)

③ 100を　30こ　あつめた　数　(　　　)

④ 100を　51こ　あつめた　数　(　　　)

2 つぎの　数は，100を　何(なん)こ　あつめた　数ですか。 1つ5点【20点】

① 2500　(　　　)

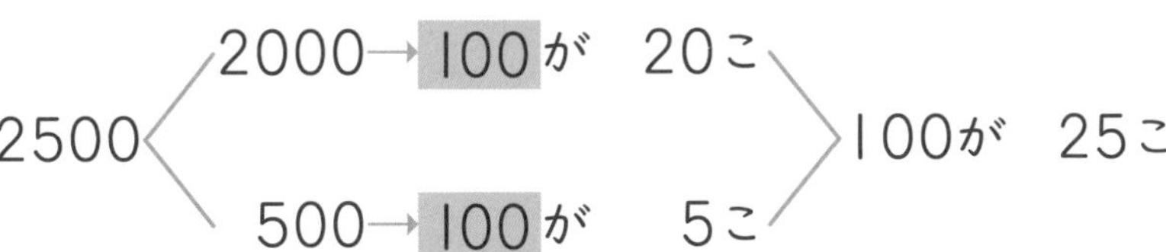

② 3100　(　　　)

③ 4000　(　　　)

④ 6700　(　　　)

3 つぎの　数(かず)を　数字(すうじ)で　書(か)きましょう。

1つ5点【30点】

① 100を　14こ　あつめた　数　(　　　　)

② 100を　29こ　あつめた　数　(　　　　)

③ 100を　80こ　あつめた　数　(　　　　)

④ 100を　56こ　あつめた　数　(　　　　)

⑤ 100を　37こ　あつめた　数　(　　　　)

⑥ 100を　78こ　あつめた　数　(　　　　)

4 つぎの　数は，100を　何(なん)こ　あつめた　数ですか。

1つ5点【30点】

① 5000 (　　　　)　② 1700 (　　　　)　③ 4300 (　　　　)

④ 6500 (　　　　)　⑤ 3900 (　　　　)　⑥ 8800 (　　　　)

今日(きょう)も　ぜっこうちょうだね。

答え ▶ 87ページ

1000を　こえる　数

14 1000を　こえる　数の ならび方

1 □に　あてはまる　数(かず)を　書(か)きましょう。　1つ3点【21点】

① ㋐□　㋑□　㋒□

0　1000　2000　3000　4000　5000　6000

1めもりは　100

② ㋐□　㋑□

3000　4000　6000　7000　8000

③ ㋐□　㋑□

4960　4970　4990　5010

1めもりが　いくつかを　考(かんが)えようね。

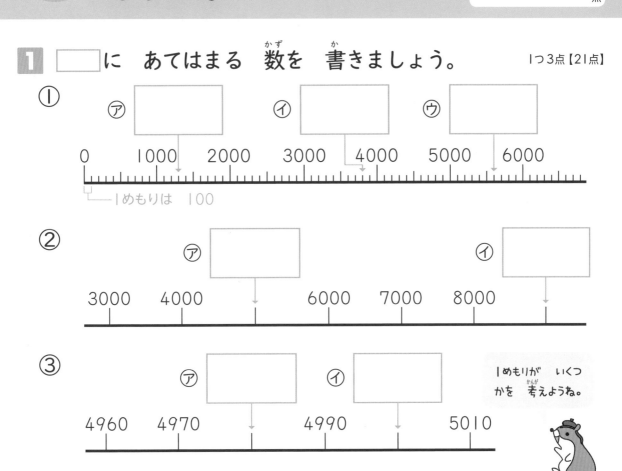

2 □に　あてはまる　数を　書きましょう。　1つ4点【24点】

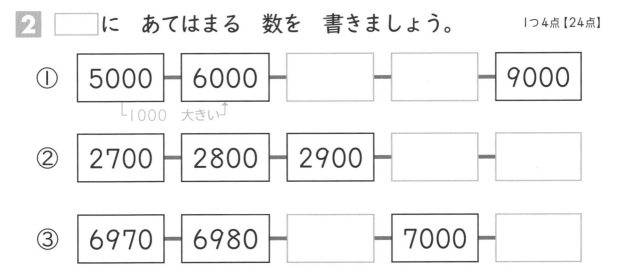

① 5000 ― 6000 ― □ ― □ ― 9000

1000　大きい

② 2700 ― 2800 ― 2900 ― □ ― □

③ 6970 ― 6980 ― □ ― 7000 ― □

3 □に あてはまる 数(かず)を 書(か)きましょう。

1つ3点【27点】

①

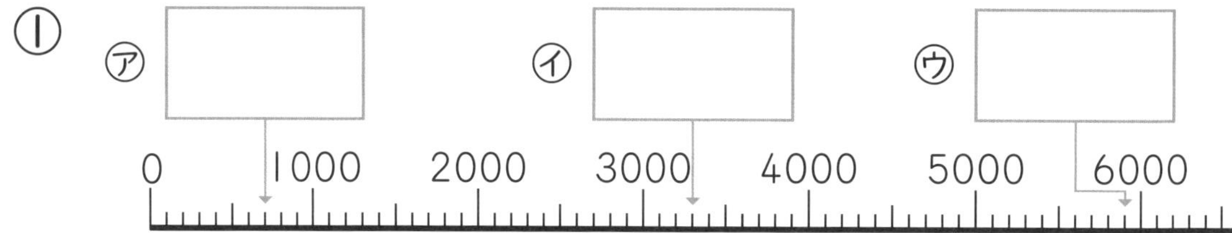

②

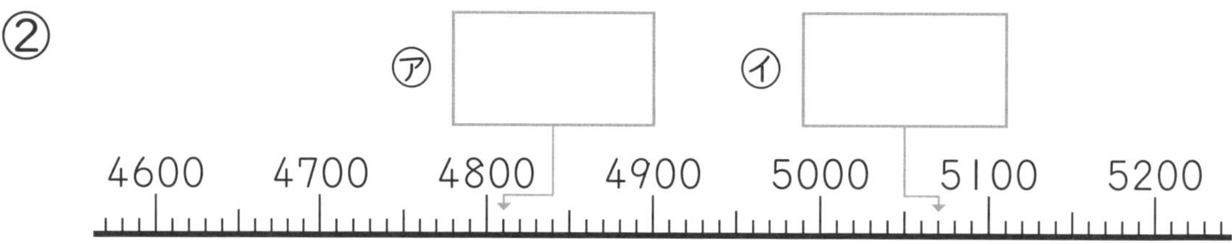

③

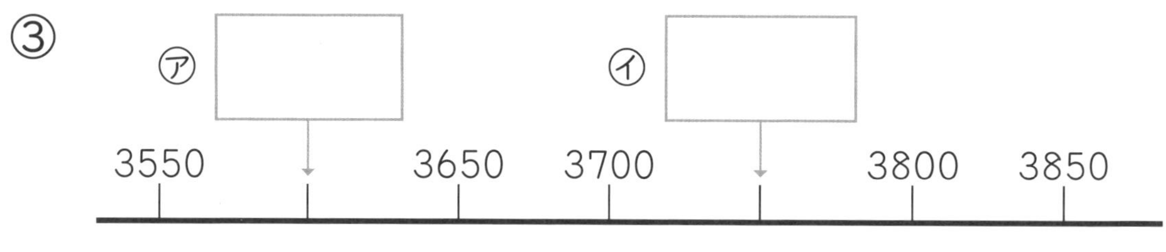

④

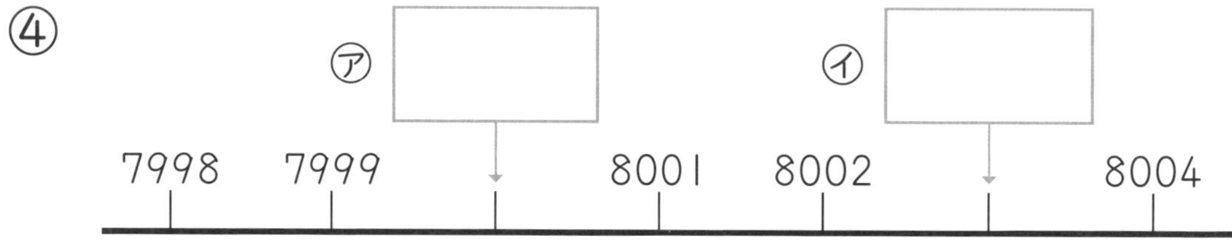

4 □に あてはまる 数を 書きましょう。

1つ4点【28点】

① 2000 — 3000 — □ — 5000 — □

② 4600 — □ — 4800 — 4900 — □

③ □ — □ — 8000 — 8010 — □

毎日(まいにち)の べんきょうで，力が ついて いくよ。

答え ▶ 87ページ

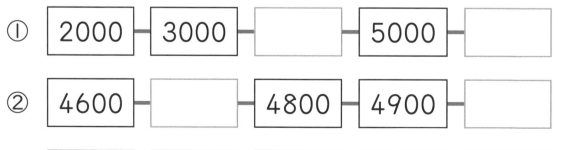

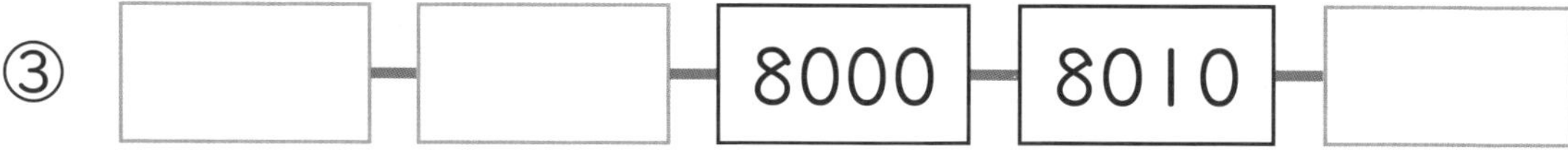

15

1000を　こえる　数

10000までの　数

月　　日　10分

とく点

点

1 □に　あてはまる　数(かず)を　書(か)きましょう。　1つ5点【15点】

① 1000を □ こ　あつめた数は　10000です。

② 8000は，あと □ で
10000に　なります。

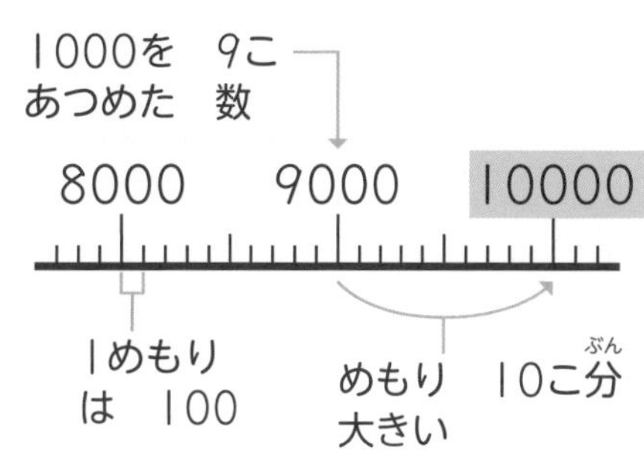

③ 10000より　1　小さい
数は，□ です。

2 □に　あてはまる　>，<を　書きましょう。　1つ5点【10点】

① 5896 □ 6130

② 3451 □ 3428

大きい　くらいの　数字(すうじ)から
じゅんに　くらべよう。

3 4600に　ついて，□に　あてはまる　数を　書きましょう。　1つ5点【15点】

① 4600は，□ と　600を　あわせた　数です。

② 4600は，5000より □ 小さい　数です。

③ 4600は，100を □ こ　あつめた　数です。

4 □に　あてはまる　数(かず)を　書(か)きましょう。　1つ5点【30点】

① ㋐□ ㋑□

7000　↓　8000　8500　↓　9500　10000

② ㋐□ ㋑□ ㋒□

9940　↓　9960　↓　9980　9990　↓

③ 10000は，100を □ こ　あつめた　数です。

5 □に　あてはまる　>，<を　書きましょう。　1つ6点【12点】

① 4052 □ 4520　　② 7930 □ 7903

6 5200に　ついて，□に　あてはまる　数を　書きましょう。　1つ6点【18点】

① 5200は，5000と □ を　あわせた　数です。

② 5200は，□ より　800　小さい　数です。

③ 5200は，100を □ こ　あつめた　数です。

ここまで　がんばったね。つぎは　楽(たの)しい　パズルだよ。

答え ▶ 87ページ

［どんな　ゆめかな？］

1 ペンギンさんが　ゆめを　見て　います。
500から　1000まで，10ずつ　大きい　数の　・を
じゅんに　線で　つなごう。どんな　ゆめか　わかるよ。

2 ペンギンさんが　ゆめの　中で　何(なに)かに　おどろいて　います。700から　1000まで，5ずつ　大きい　数(かず)の　•を　じゅんに　線(せん)で　つなぐと　わかるよ。

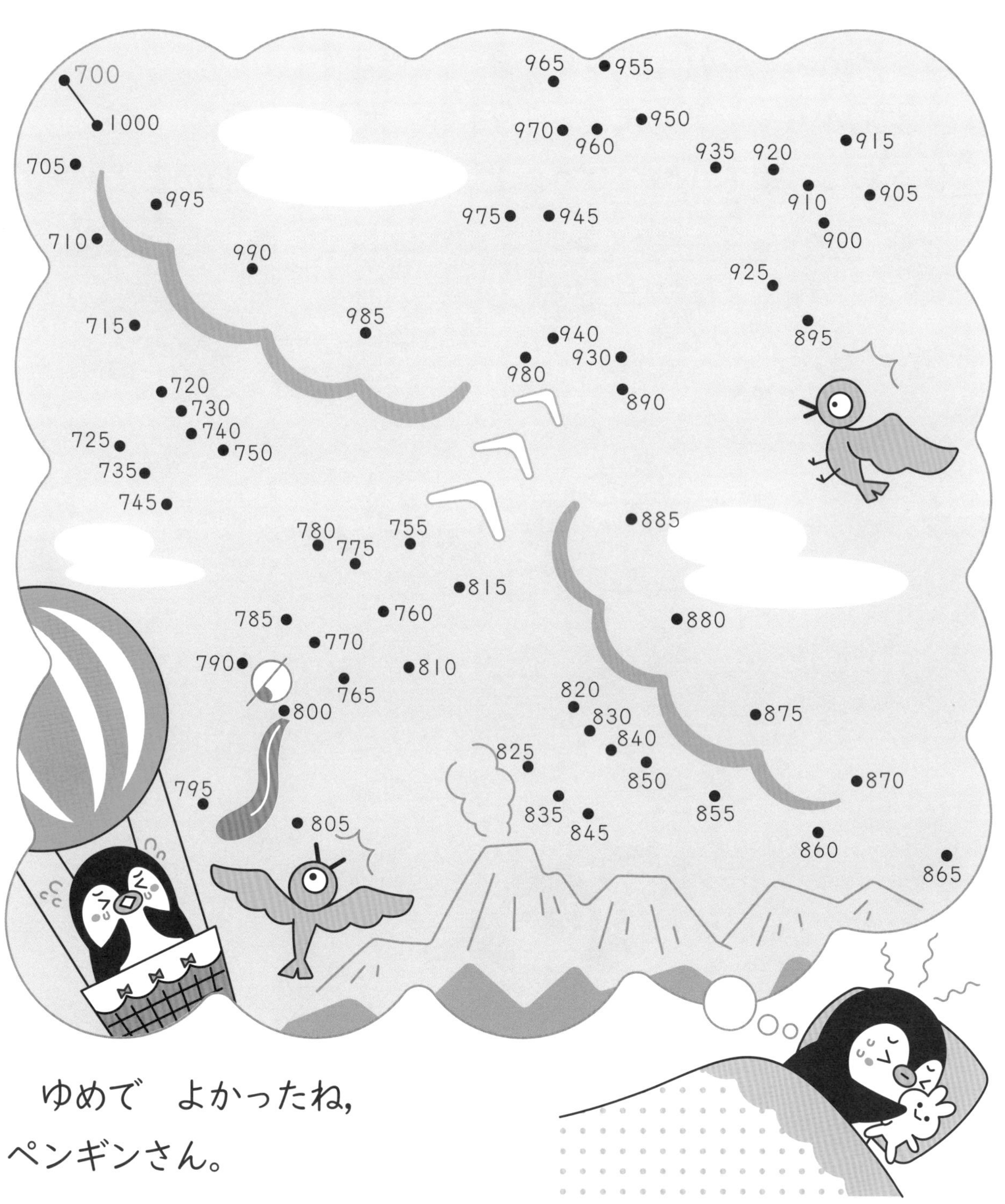

ゆめで　よかったね，
ペンギンさん。

答え ▶ 88ページ

17 長さ
長さの　はかり方

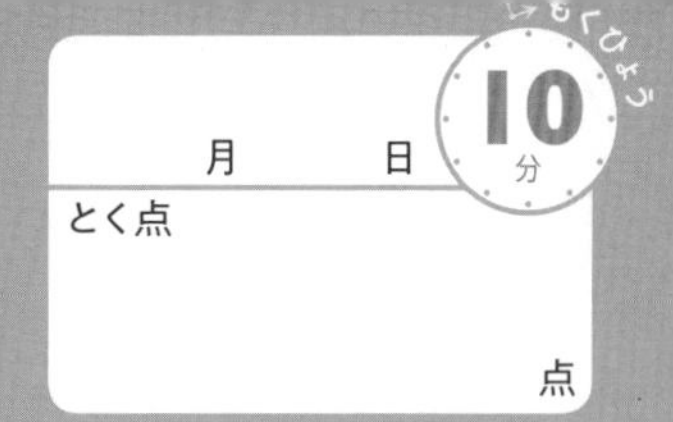

1 テープの　長(なが)さは　何(なん)cmですか。

1つ7点【14点】

①

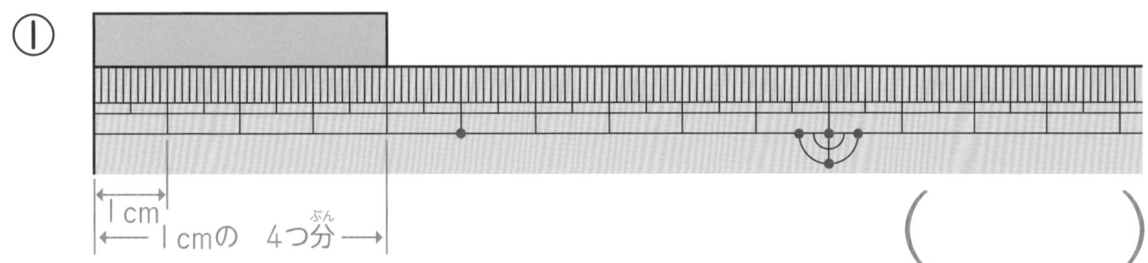

(　　　　)

②

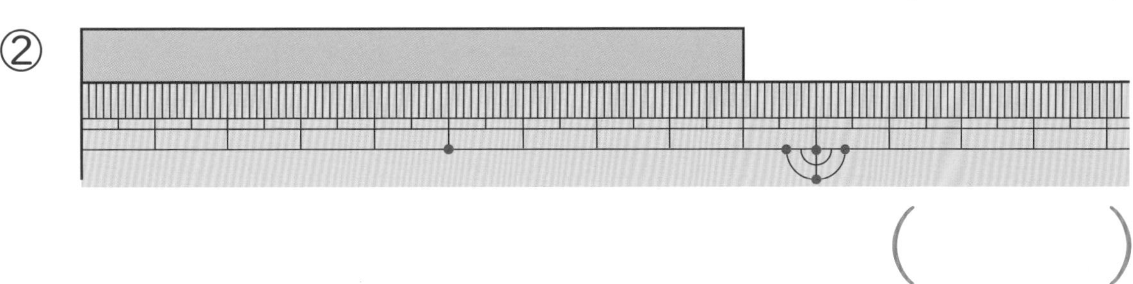

(　　　　)

2 長さは　どれだけですか。

1つ8点【32点】

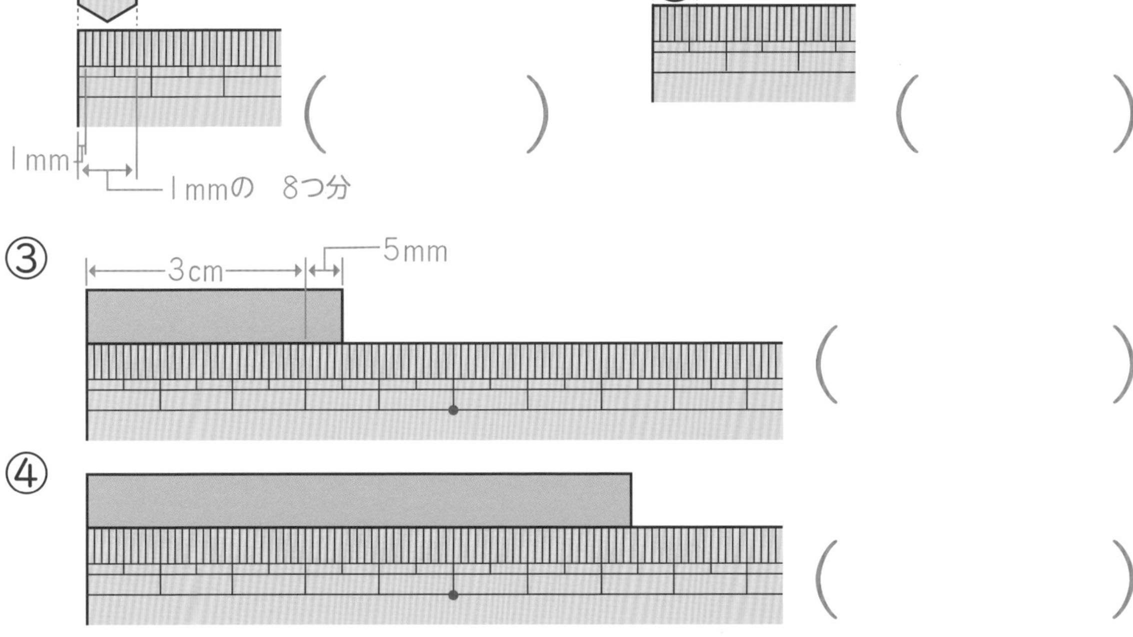

①(　　　　)

②(　　　　)

③(　　　　)

④(　　　　)

3 ものさしの　左の　はしから　㋐，㋑，㋒，㋓，㋔までの長さは，それぞれ　どれだけですか。　1つ6点【30点】

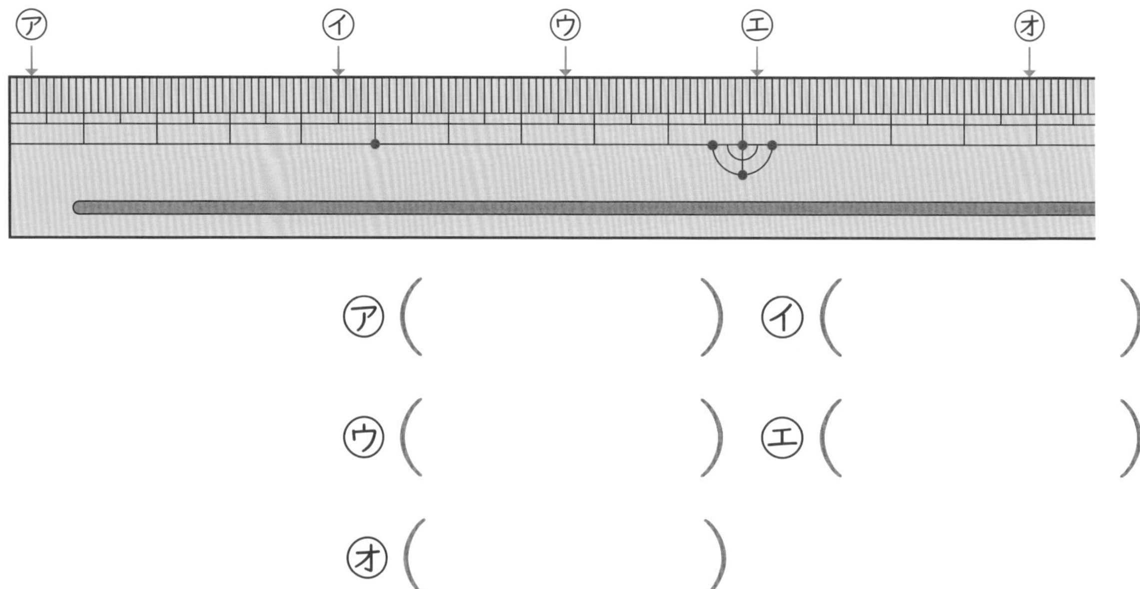

㋐（　　　　　）　㋑（　　　　　）

㋒（　　　　　）　㋓（　　　　　）

㋔（　　　　　）

4 テープの　長さは　どれだけですか。　1つ8点【24点】

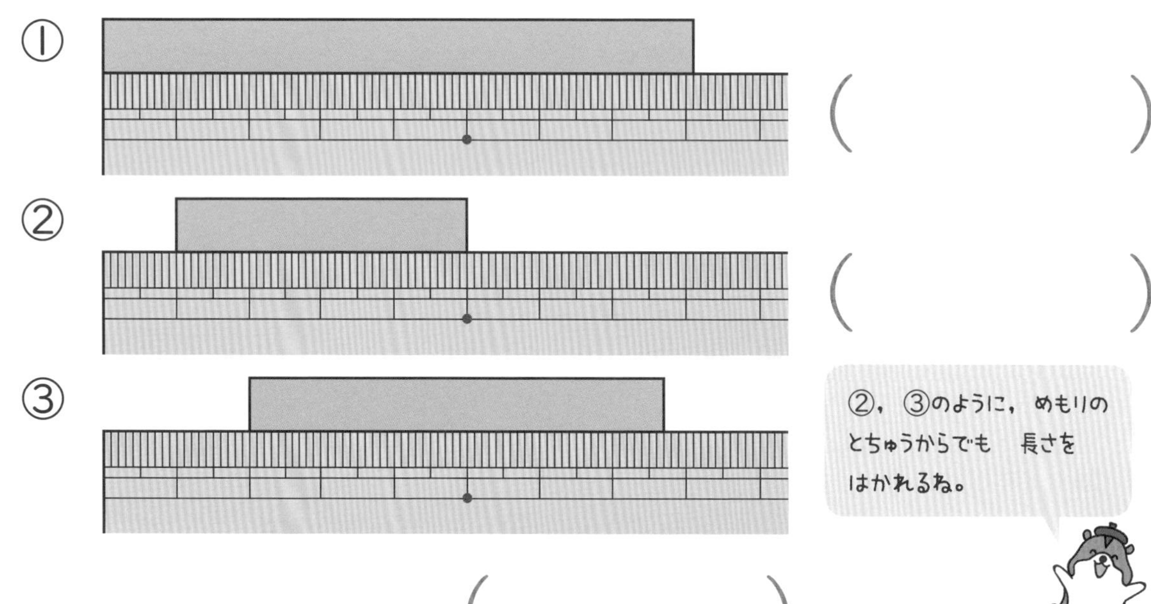

①
②
③
②，③のように，めもりの
とちゅうからでも　長さを
はかれるね。

①（　　　　　）

②（　　　　　）

③（　　　　　）

ものさしの　めもりの　読み方は　よく　わかったね。

答え ▶ 88ページ

18 長さ

長さを　はかる，ひく

月　日　10分（もくひょう）
とく点　　点

1 ものさしを　つかって，つぎの　直線（まっすぐな　線）の　長さを　はかりましょう。

1つ8点【24点】

①

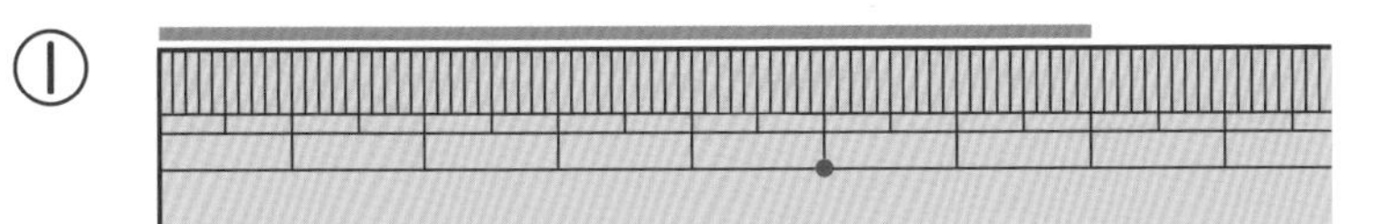

（　　　　）

②（　　　　）

③（　　　　）

直線の　左はしを
ものさしの　0の
めもりに　あわせて
はかろう。

2 つぎの　長さの　直線を　ひきましょう。

1つ8点【24点】

① 5cm

はじめの　点

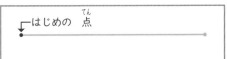

【5cmの　直線の　ひき方】
❶5cm　はなして　点を　かく。
❷点と　点を　直線で　つなぐ。

② 9cm5mm

③ 11cm7mm

3 ものさしを　つかって，つぎの　直線の　長さを　はかりましょう。

1つ8点【24点】

①

(　　　　)

②

(　　　　)

③

(　　　　)

4 つぎの　長さの　直線を　ひきましょう。

1つ7点【28点】

① 6cm

はじめの　点

② 8cm

③ 7cm1mm

④ 12cm3mm

ものさしの　つかい方は　もう　だいじょうぶだね。

答え ▶ 88ページ

19 長さ cmと mmの かんけい

月　日　10分

とく点　点

1 □に あてはまる 数(かず)を 書(か)きましょう。 1つ4点【32点】

① 2cm＝□mm

1cm＝10mmで ある ことを つかう。

② 5cm＝□mm

③ 2cm5mm＝□mm

20mm＋5mm

④ 4cm3mm＝□mm

⑤ 60mm＝□cm

⑥ 90mm＝□cm

⑦ 36mm＝□cm□mm

⑧ 71mm＝□cm□mm

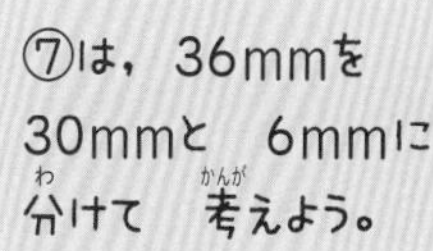

⑦は，36mmを
30mmと 6mmに
分(わ)けて 考(かんが)えよう。

2 □に あてはまる ＞，＜，＝を 書きましょう。 1つ4点【12点】

① 20mm□2cm8mm

→28mm

たんいを そろえて くらべる。

② 5cm5mm□49mm

③ 10cm7mm□107mm

3 □に　あてはまる　数(かず)を　書(か)きましょう。　1つ5点【40点】

① 4cm＝□mm　② 10cm＝□mm

③ 7cm7mm＝□mm

④ 10cm2mm＝□mm

⑤ 20mm＝□cm　⑥ 80mm＝□cm

⑦ 63mm＝□cm□mm

⑧ 119mm＝□cm□mm

4 □に　あてはまる　>，<，＝を　書きましょう。1つ4点【16点】

① 7cm4mm□6cm5mm

② 3cm6mm□40mm

③ 92mm□9cm2mm

④ 150mm□10cm5mm

長(なが)さの　たんいは，よく　わかったね。

答え ▶ 89ページ

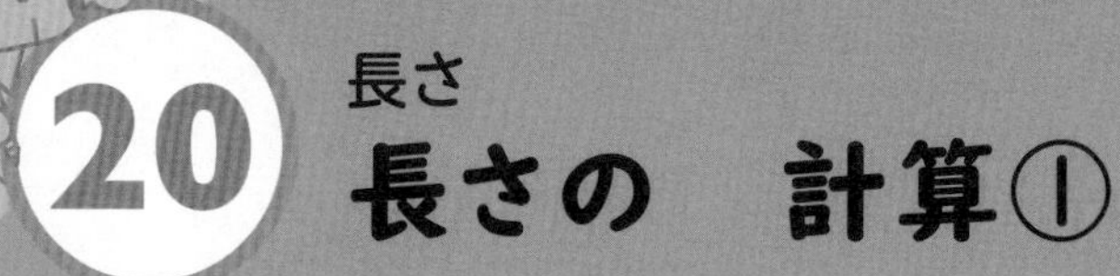

20 長さ 長さの　計算①

1 計算を　しましょう。

1つ5点【40点】

① 9cm＋8cm＝［17］cm
9+8=17

長さの　たし算では，同じ　たんいの　数どうしを　たす。

② 2cm3mm＋4cm＝［　］cm［　］mm

③ 6cm4mm＋6mm＝［　］cm ←4mm+6mm=10mmで，10mm=1cm

④ 5cm7mm＋3cm1mm＝［　］cm［　］mm

⑤ 12cm－9cm＝［3］cm
12−9=3

長さの　ひき算も，たし算と　同じように　同じ　たんいの　数どうしを　ひこう。

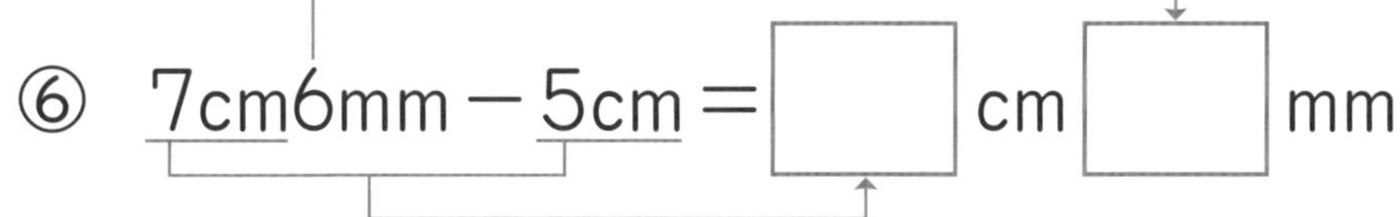

⑥ 7cm6mm－5cm＝［　］cm［　］mm

⑦ 8cm2mm－2mm＝［　］cm

⑧ 9cm7mm－4cm3mm＝［　］cm［　］mm

2 計算を　しましょう。

1つ6点【60点】

① 4mm＋5mm＝□mm

② 13cm2mm＋6cm＝□cm□mm

③ 3mm＋5cm6mm＝□cm□mm

④ 7cm8mm＋2mm＝□cm

⑤ 6cm3mm＋6cm4mm＝□cm□mm

⑥ 9mm－6mm＝□mm

⑦ 14cm8mm－6cm＝□cm□mm

⑧ 4cm6mm－3mm＝□cm□mm

⑨ 9cm4mm－4mm＝□cm

⑩ 12cm9mm－7cm5mm＝□cm□mm

半分を　すぎたよ。ここまで　がんばって　きたね。

答え ▶ 89ページ

21 長さ 100cmを　こえる　長さ

月　日　10分
とく点
点

1 テープの　長さ(なが)は　どれだけですか。

1つ7点【28点】

①
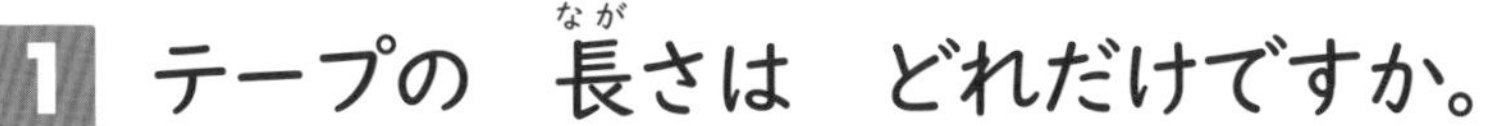

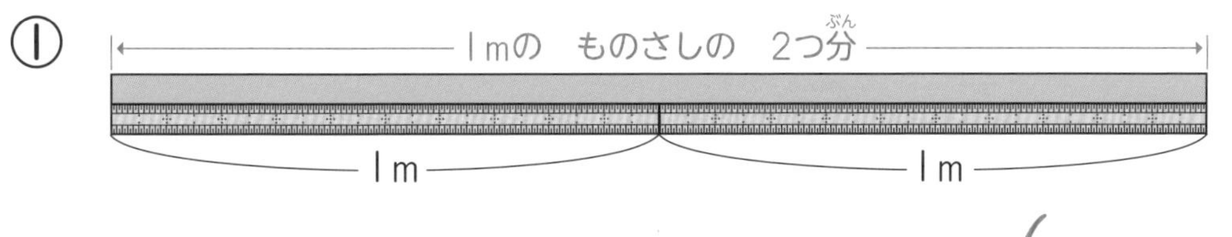

(　　　　)

②
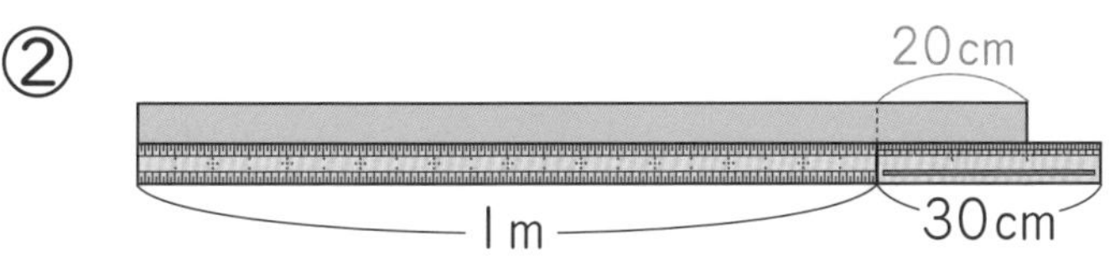

(　　　　)

③

(　　　　)

④

(　　　　)

2 □に　あてはまる　長さの　たんいを　書(か)きましょう。

1つ6点【18点】

① プールの　たての　長さ……25 □

② ノートの　あつさ……5 □

③ 新聞紙(しんぶんし)の　よこの　長さ……45 □

長さの　たんいには
m，cm，mmが
あるね。

3 □に あてはまる 数(かず)を 書(か)きましょう。

1つ7点【14点】

① 1mの ものさしで 4つ分(ぶん)の 長(なが)さは □ mです。

② 1mの ものさしで 2つ分と，あと 60cmの 長さは

□ m □ cmです。

4 左はしから ㋐，㋑までの 長さは，それぞれ 何(なん)m何cmですか。

1つ8点【16点】

1m

㋐（　　　　　）　㋑（　　　　　）

5 □に あてはまる 長さの たんいを 書きましょう。

1つ6点【24点】

① なわとびの なわの

長さ…………2 □

② 下じきの たての

長さ…………25 □

③ 教室(きょうしつ)の たての

長さ…………8 □

④ 色(いろ)えんぴつの

太(ふと)さ…………8 □

長い 長さも はかれるように なったね！

答え ▶ 90ページ

22 長さ
mと cmの かんけい

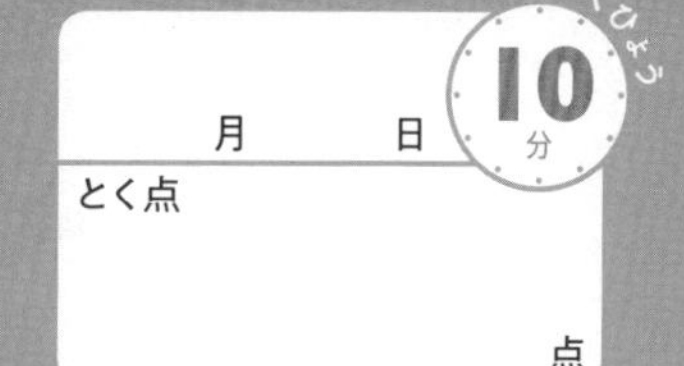

1 □に あてはまる 数(かず)を 書(か)きましょう。 1つ5点【40点】

① 2m＝□cm

1m＝100cmで ある ことを つかう。

② 4m＝□cm

③ 2m50cm＝□cm
200cm+50cm

④ 5m3cm＝□cm

⑤ 300cm＝□m

⑥ 700cm＝□m

⑦ 820cm＝□m□cm

⑧ 606cm＝□m□cm

⑦は，820cmを 800cmと 20cmに 分(わ)けて 考(かんが)えよう。

2 □に あてはまる ＞，＜，＝を 書きましょう。 1つ5点【15点】

① 46cm □ 3m
→300cm

たんいを そろえて くらべる。

② 7m2cm □ 702cm

③ 250cm □ 2m6cm

3 □に　あてはまる　数(かず)を　書(か)きましょう。

1つ5点【20点】

① 5m18cm＝□cm

② 4m1cm＝□cm

③ 337cm＝□m□cm

④ 709cm＝□m□cm

4 □に　あてはまる　>，<，＝を　書きましょう。

1つ5点【15点】

① 25cm□2m5cm

② 618cm□6m18cm

③ 4m8cm□407cm

5 長(なが)い　じゅんに　書きましょう。

1つ5点【10点】

① 9m，960cm，9m9cm
(　　　　　　　　　　)

② 3m20cm，303cm，3m13cm
(　　　　　　　　　　)

長さの　たんいは　しっかり　おぼえられたね。

答え ▶ 90ページ

23 長さ

長さの　計算②

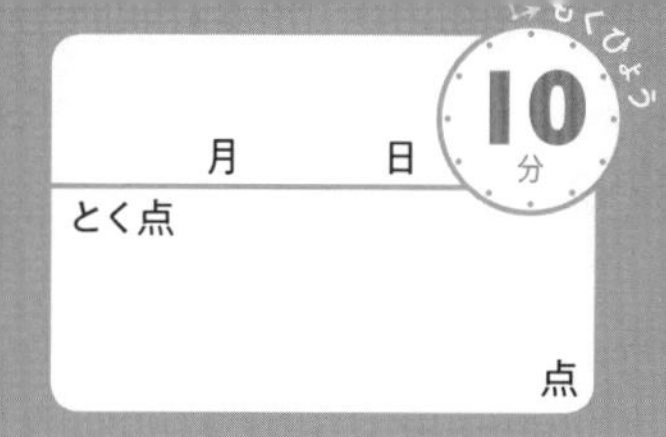

1 計算を　しましょう。

1つ5点【40点】

① 7m＋18m＝ 25 m

7＋18＝25

② 3m20cm＋4m＝□m□cm

③ 1m50cm＋30cm＝□m□cm

④ 2m16cm＋1m8cm＝□m□cm

⑤ 15m－6m＝ 9 m

15－6＝9

⑥ 8m90cm－5m＝□m□cm

⑦ 1m60cm－40cm＝□m□cm

⑧ 2m70cm－1m30cm＝□m□cm

同じ　たんいの　数どうしを
たしたり，ひいたり
すれば　いいんだね。

2 計算(けいさん)を　しましょう。

1つ6点【60点】

① 12m＋8m＝□m

② 5m40cm＋2m＝□m□cm

③ 1m20cm＋60cm＝□m□cm

④ 4m35cm＋50cm＝□m□cm

⑤ 3m43cm＋1m7cm＝□m□cm

⑥ 27m－9m＝□m

⑦ 6m15cm－4m＝□m□cm

⑧ 1m80cm－50cm＝□m□cm

⑨ 2m40cm－28cm＝□m□cm

⑩ 3m90cm－2m80cm＝□m□cm

長(なが)さの　計算の　しかたは　もう　だいじょうぶだね。

答え ▶ 90ページ

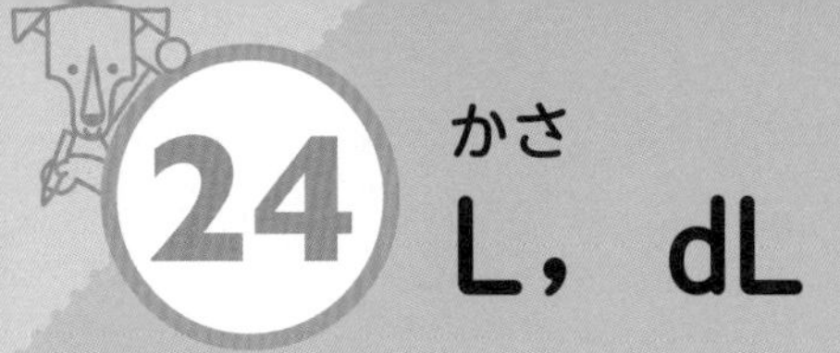

かさ
L，dL

月　日　10分
とく点　点

1 つぎの　水の　かさは　何(なん)Lですか。　1つ4点【8点】

①
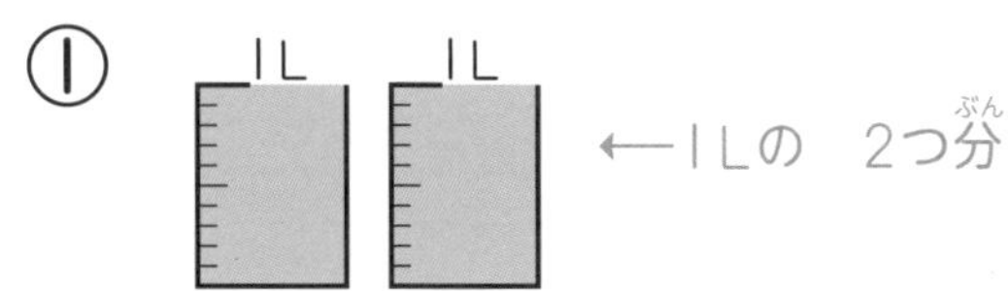

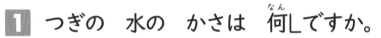

（　　　）

②
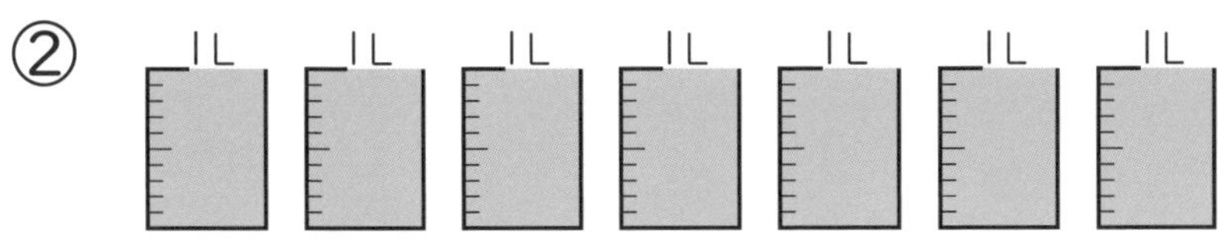

（　　　）

2 つぎの　水の　かさは　何dLですか。　1つ6点【18点】

①
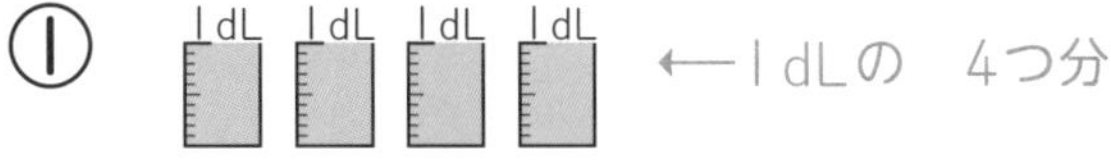

（　　　）

②
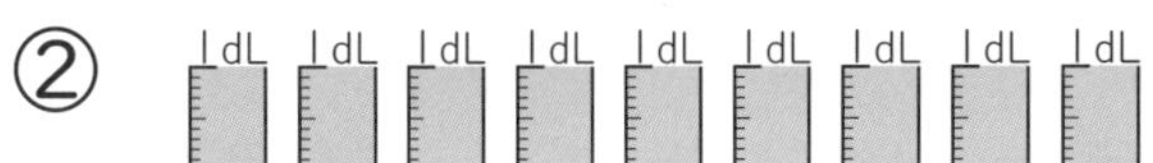

（　　　）

③
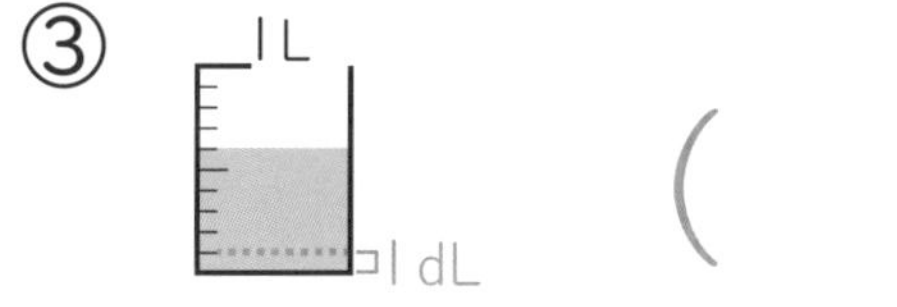

（　　　）

③は，1dLの　めもり
6つ分の　かさに　なるね。

3 つぎの　水の　かさは　何L何dLですか。　1つ6点【18点】

①

（　　　）

②
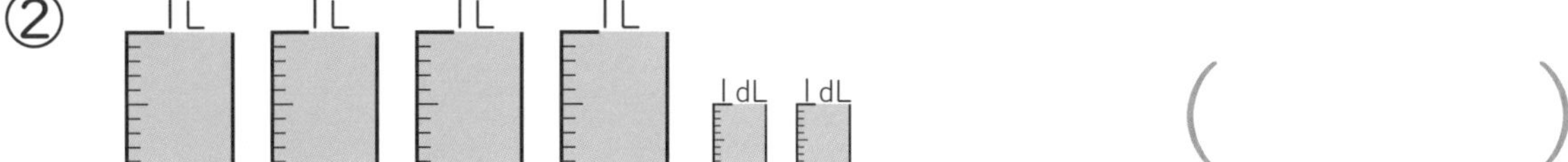

（　　　）

③
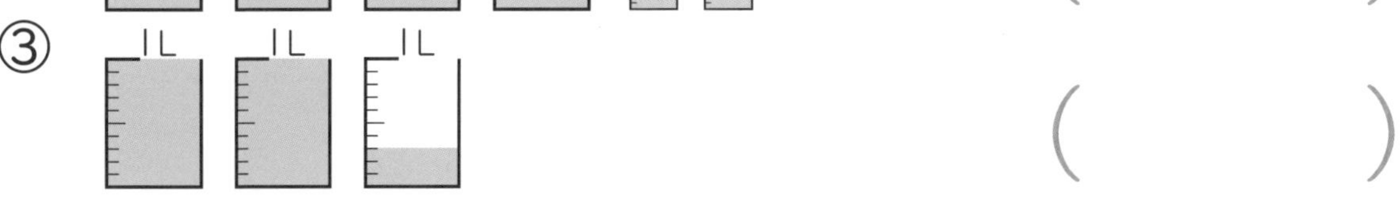

（　　　）

4 つぎの　水の　かさは　どれだけですか。

1つ7点【56点】

①
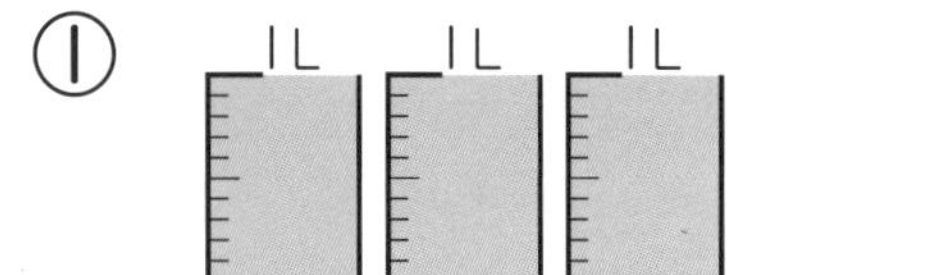

(　　　　　)

②
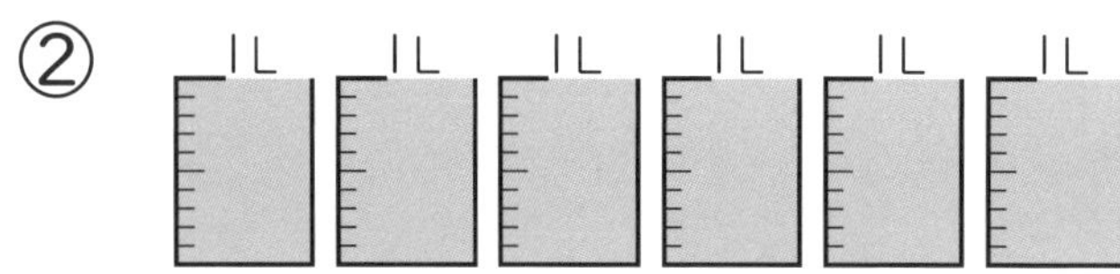

(　　　　　)

③
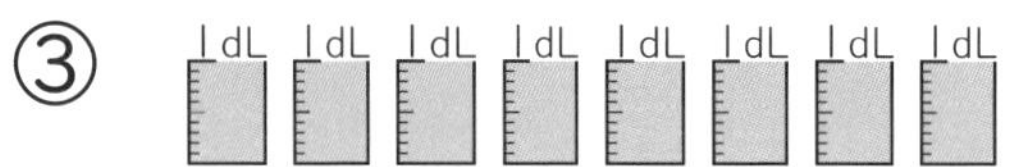

(　　　　　)

④
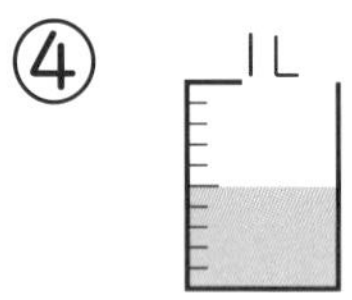

(　　　　　)

⑤
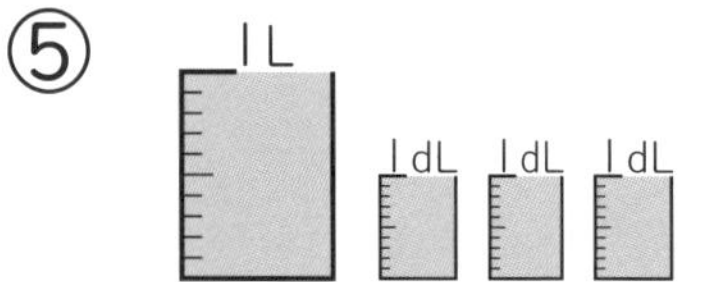

(　　　　　)

⑥
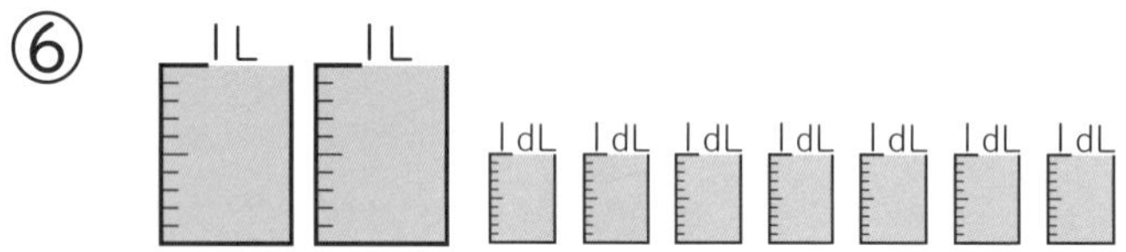

(　　　　　)

⑦
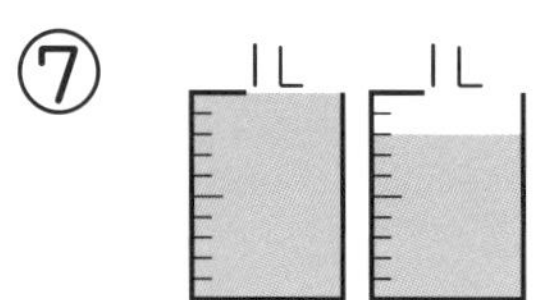

(　　　　　)

⑧
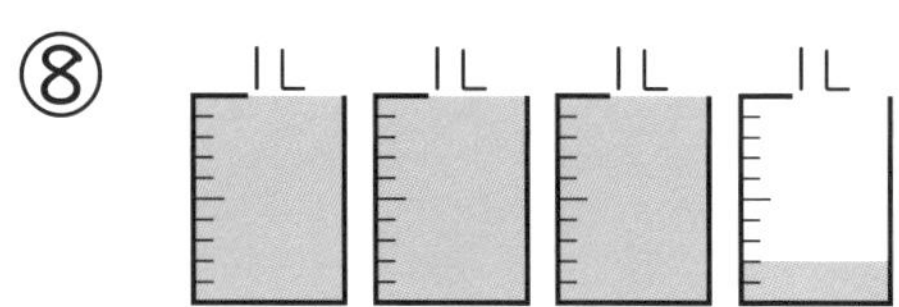

(　　　　　)

長(なが)さの　つぎは　かさだよ。しっかり　やろうね。

答え ▶ 91ページ

25 かさ Lと dLの かんけい

1 □に あてはまる 数を 書きましょう。 1つ4点【32点】

① 2L＝□dL　　1L＝10dLで ある ことを つかう。

② 7L＝□dL

③ 1L6dL＝□dL（10dL＋6dL）

④ 5L2dL＝□dL

⑤ 40dL＝□L

⑥ 80dL＝□L

⑦ 36dL＝□L□dL

⑧ 84dL＝□L□dL

⑦は，36dLを 30dLと 6dLに 分けて 考えよう。

2 □に あてはまる ＞，＜，＝を 書きましょう。1つ4点【16点】

① 25dL□2L7dL（→27dL）　　たんいを そろえて くらべる。

② 40dL□3L

③ 1L6dL□16dL

④ 8L7dL□7L8dL

3 □に　あてはまる　数（かず）を　書（か）きましょう。　1つ4点【24点】

① 9L＝□dL　　② 70dL＝□L

③ 2L8dL＝□dL

④ 8L3dL＝□dL

⑤ 31dL＝□L□dL

⑥ 57dL＝□L□dL

4 □に　あてはまる　＞，＜，＝を　書きましょう。1つ4点【16点】

① 2L1dL□18dL　　② 60dL□6L

③ 7L9dL□82dL　　④ 45dL□4L4dL

5 かさの　大きい　じゅんに　書きましょう。　1つ6点【12点】

① 3L5dL，42dL，4L

（　　　　　　　　　　）

② 94dL，8L9dL，9L6dL

（　　　　　　　　　　）

べんきょうに　近道（ちかみち）は　ないよ。コツコツ　がんばろうね。

答え ▶ 91ページ

26 かさ mL

月　日　10分
とく点　点

1 つぎの　水の　かさは　何(なん)mLですか。　1つ4点【8点】

① 1dL　1dL＝100mLを　10に分(わ)けた　1つ分(ぶん)

(　　　　)

② 1dL

(　　　　)

【L，dL，mLの　かんけい】
1L＝1000mL
1dL＝100mL

2 □に　あてはまる　数(かず)を　書(か)きましょう。　1つ4点【16点】

① 2dL＝□mL
→1dL＝100mLの　2つ分

② 5dL＝□mL

③ 400mL＝□dL

④ 700mL＝□dL

3 □に　あてはまる　>，<を　書きましょう。　1つ4点【20点】

① 500mL □ 6dL
→600mL

たんいを　そろえて
くらべよう。

② 1L □ 800mL

③ 9dL □ 980mL

④ 370mL □ 4dL

⑤ 6dL □ 70mL

4 つぎの　水の　かさは　何(なん)mLですか。　1つ4点【8点】

① 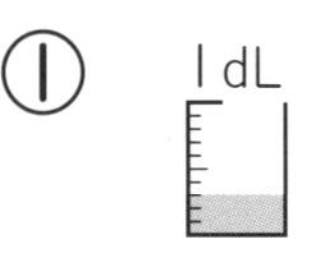

(　　　　)

② 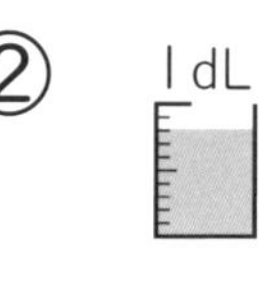

(　　　　)

5 □に　あてはまる　数(かず)を　書(か)きましょう。　1つ4点【16点】

① 6dL＝□mL　② 200mL＝□dL

③ 800mL＝□dL　④ 10dL＝□mL

6 □に　あてはまる　>，<を　書きましょう。　1つ5点【20点】

① 80mL□7dL　② 520mL□5dL

③ 290mL□3dL　④ 1000mL□2dL

7 かさの　大きい　じゅんに　書きましょう。　1つ6点【12点】

① 9dL，1L，950mL

(　　　　　　　　)

② 80dL，700mL，5L

(　　　　　　　　)

アプリに，とく点(てん)を　とうろくしよう！

答え ▶ 91ページ

27 かさ かさの　計算

1 計算を　しましょう。　　1つ5点【40点】

かさの　たし算，ひき算は，同じ　たんいの　数どうしを計算する。

① 4L＋3L＝[7]L　（4＋3＝7）

② 1L6dL＋2L＝[　]L[　]dL

③ 2L5dL＋5dL＝[　]L ←5dL＋5dL＝10dLで，10dL＝1L

④ 4L3dL＋1L4dL＝[　]L[　]dL

⑤ 800mL－200mL＝[600]mL　（800－200＝600）

⑥ 7L4dL－3L＝[　]L[　]dL

⑦ 2L6dL－6dL＝[　]L

⑧ 4L9dL－3L7dL＝[　]L[　]dL

長さの　計算と同じように考えて　計算すればいいんだね。

2 計算を　しましょう。

1つ6点【60点】

① 200mL＋600mL＝□mL

② 3L＋1L5dL＝□L□dL

③ 2L4dL＋2dL＝□L□dL

④ 4L3dL＋7dL＝□L

⑤ 1L2dL＋3L4dL＝□L□dL

⑥ 14L－6L＝□L

⑦ 5L8dL－2L＝□L□dL

⑧ 6L7dL－6dL＝□L□dL

⑨ 8L4dL－4dL＝□L

⑩ 7L6dL－5L3dL＝□L□dL

かさの　計算の　しかたは，よく　わかったね。

答え ▶ 92ページ

28 三角形と　四角形①

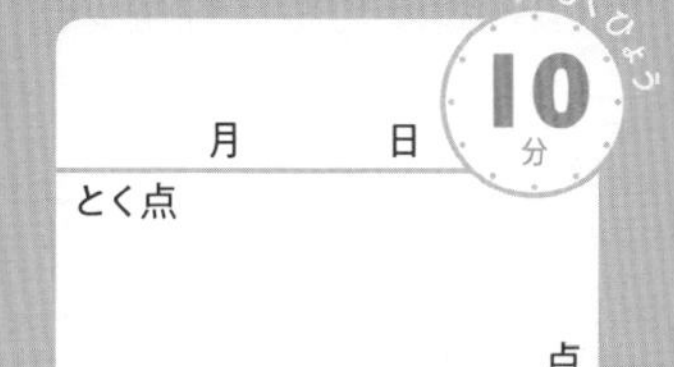

1 下の　図を　見て　答えましょう。　1つ10点【20点】

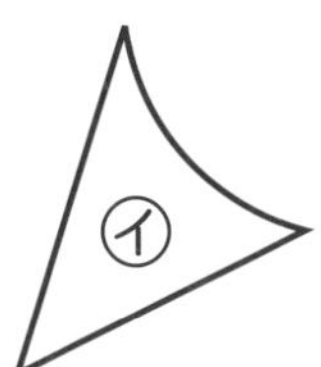

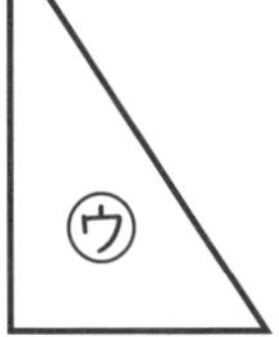

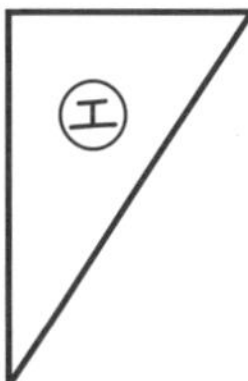

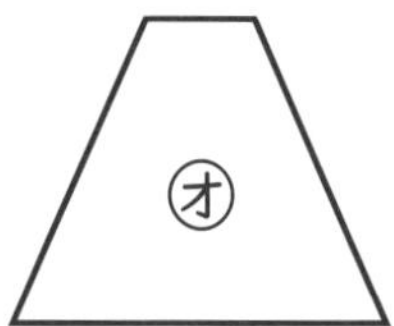

① ㋐は，何本の　直線で　かこまれて　いますか。

（　　　　）

3本の　直線で　かこまれた　形を　**三角形**と　いう。

② 三角形を　ぜんぶ　見つけて，記ごうで　答えましょう。

（　　　　　　）

とじて　いない　形や　まがった　線の　ある　形は，三角形では　ないよ。

2 下の　図を　見て　答えましょう。　1つ10点【20点】

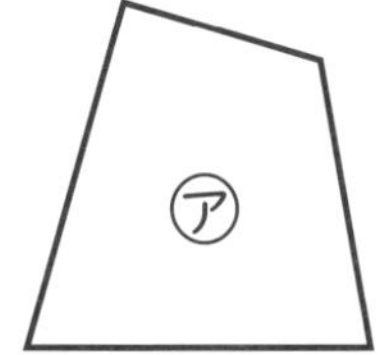

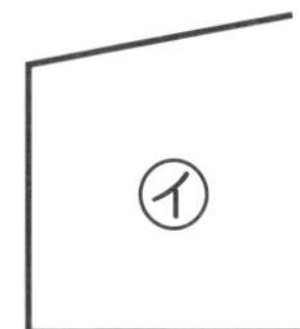

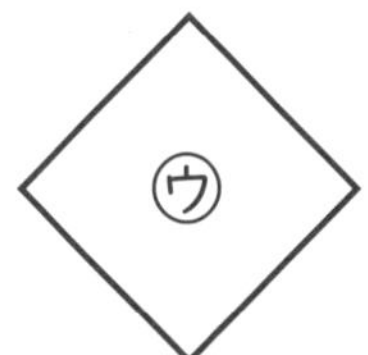

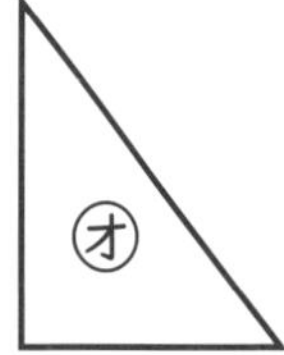

① ㋐は，何本の　直線で　かこまれて　いますか。

（　　　　）

4本の　直線で　かこまれた　形を　**四角形**と　いう。

② 四角形を　ぜんぶ　見つけて，記ごうで　答えましょう。

（　　　　　　）

3 □に　あてはまる　数(かず)や　ことばを　書(か)きましょう。

1つ10点【30点】

① □本の　□で　かこまれた　形(かたち)を，三角形(さんかくけい)と　いいます。

② 4本の　直線(ちょくせん)で　かこまれた　形を，□と　いいます。

4 下の　図(ず)から，三角形と　四角形(しかくけい)を　それぞれ　ぜんぶ　見つけて，記(き)ごうで　答(こた)えましょう。

1つ10点【20点】

㋐　㋑　㋒　㋓

㋔　㋕　㋖　㋗

三角形（　　　　　　　　）

四角形（　　　　　　　　）

5 右の　形は，四角形では　ありません。その　わけを　書きましょう。　【10点】

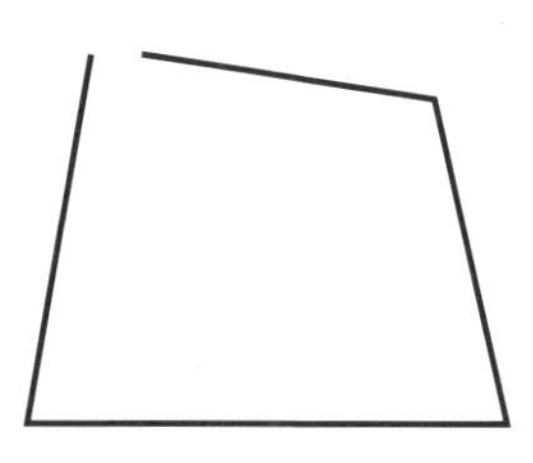

（　　　　　　　　　　　　）

図形(ずけい)の　べんきょうが　はじまるよ！

答え ▶ 92ページ

三角形と　四角形②

月　　日　10分

とく点　　　　点

1 下の　紙(かみ)を，点線(てんせん)の　ところで　切(き)ると，三角形(さんかくけい)や　四角形(しかくけい)が　いくつ　できますか。□に　数(かず)を　書(か)きましょう。

1つ5点【50点】

① 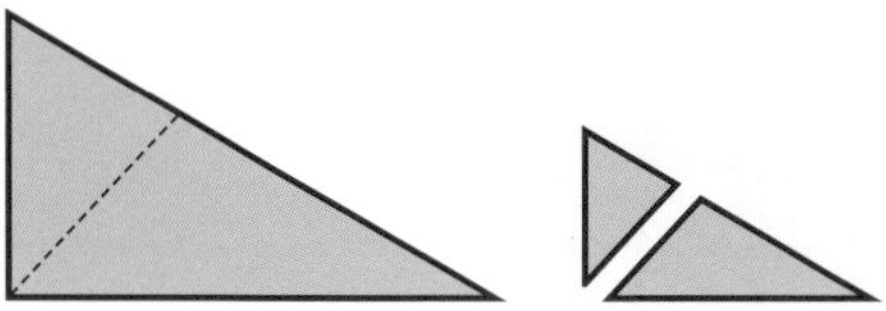
・三角形が　2　つ

② 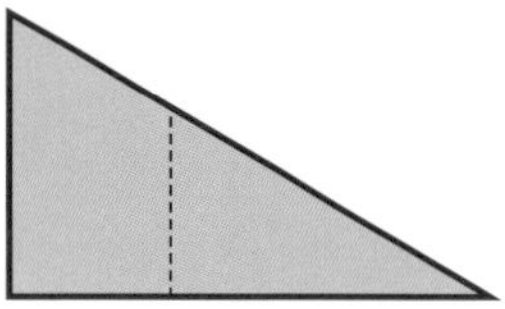
・三角形が　□　つ
・四角形が　□　つ

③ 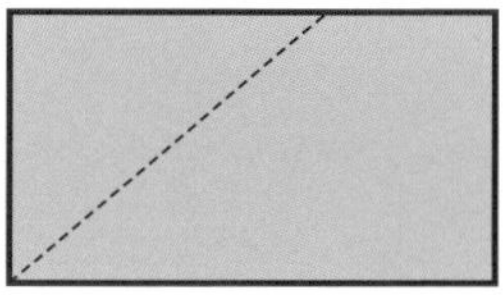
・三角形が　□　つ
・四角形が　□　つ

④ 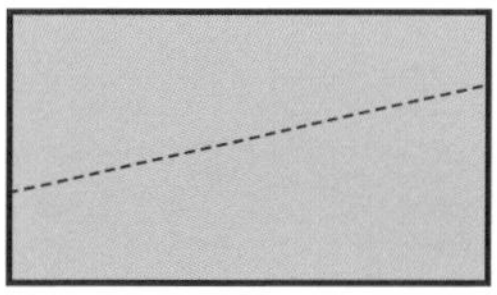
・四角形が　□　つ

⑤
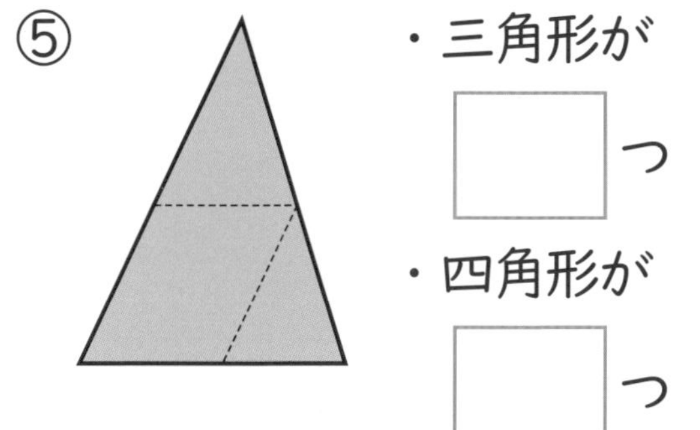
・三角形が　□　つ
・四角形が　□　つ

⑥
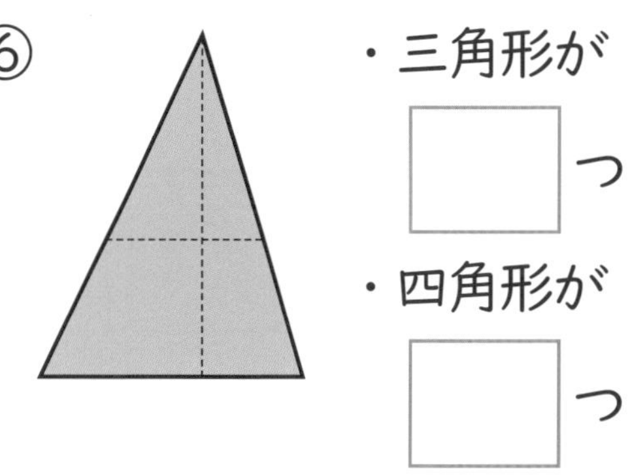
・三角形が　□　つ
・四角形が　□　つ

2 下の　紙を　----------の　ところで　2つに　切ります。
①～③の　形が　できる　切り方を，それぞれ　ぜんぶ　見つけて，記ごうで　答えましょう。　1つ10点【30点】

㋐　㋑　㋒

㋓　㋔　㋕

① 三角形が　2つ　できる　切り方　（　　　）

② 三角形と　四角形が　できる　切り方　（　　　）

③ 四角形が　2つ　できる　切り方　（　　　）

3 右の　紙を　----------の　ところで　切ると，三角形や　四角形が　いくつ　できますか。
□に　数を　書きましょう。　1つ10点【20点】

・三角形が　□つ

・四角形が　□つ

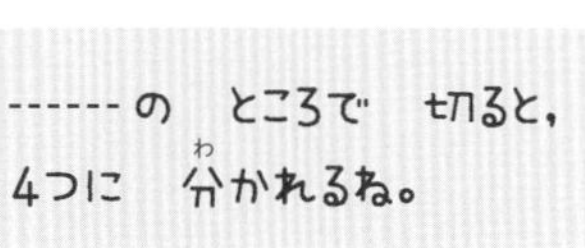

------の　ところで　切ると，
4つに　分かれるね。

つかれたら，体を　うごかして　みるのも　いいね。

答え ▶ 92ページ

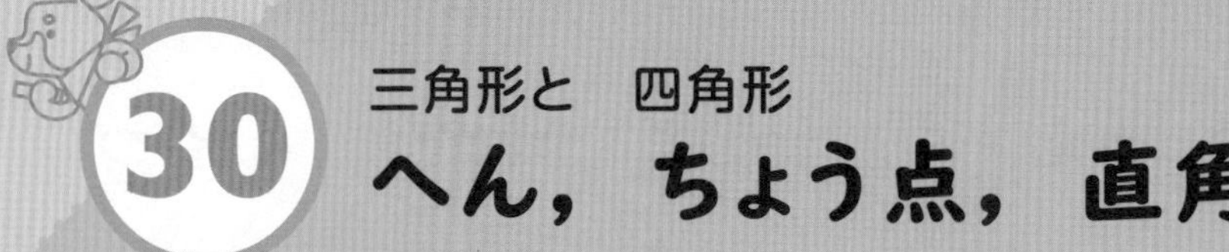

30

三角形と　四角形

へん，ちょう点，直角

月　日

とく点

点

10分

1 三角形や　四角形で，㋐～㋓の　ところを　何と　いいますか。

1つ5点【20点】

三角形や　四角形で，直線の　ところを　へん，かどの　点を　**ちょう点**と　いう。

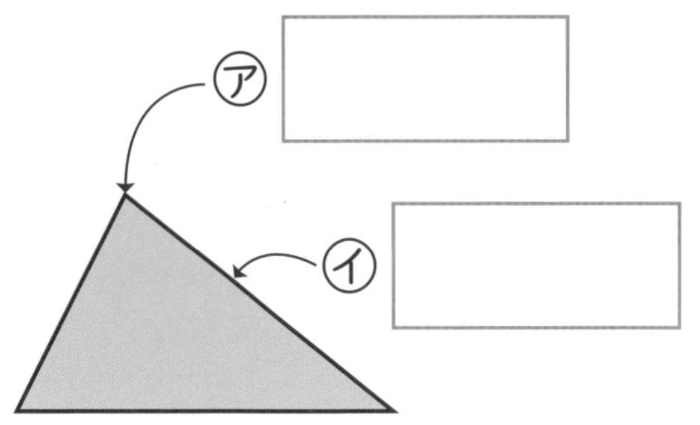

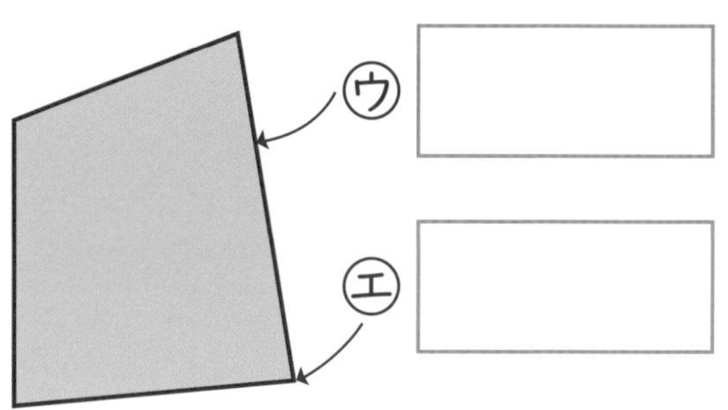

2 三角じょうぎで，直角の　かどを　あ～かから　ぜんぶ　えらんで，記ごうで　答えましょう。

【8点】

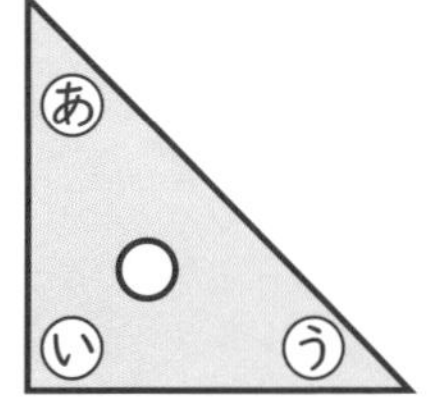

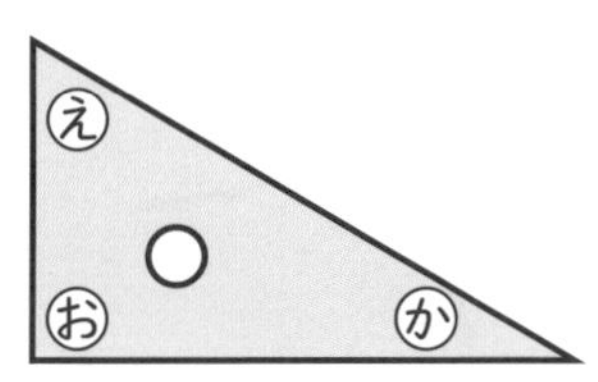

三角じょうぎには，直角の
かどが　1つずつ　あるよ。

（　　　　）

3 かどの　形が　直角の　ものには　○を，直角で　ない　ものには　×を　書きましょう。

1つ5点【20点】

①

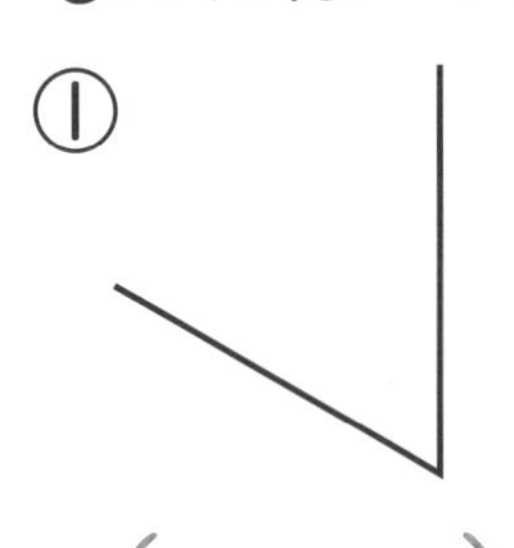

②

③

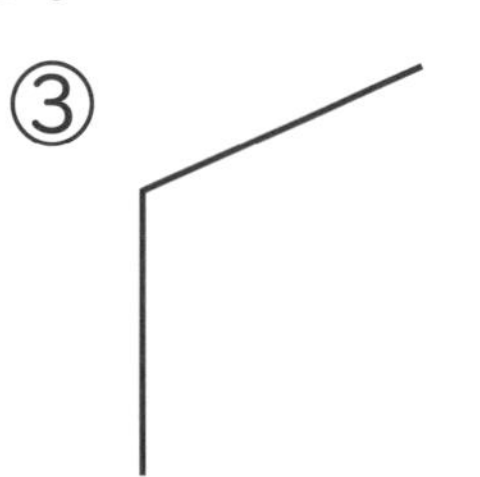

④

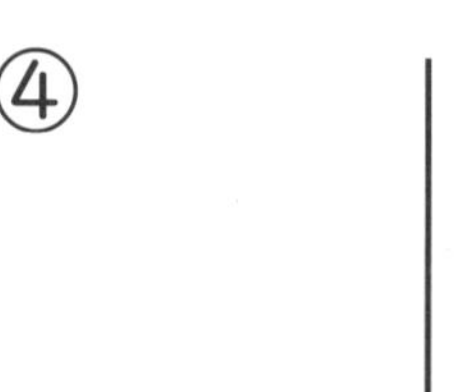

（　　　）（　　　）（　　　）（　　　）

4 三角形，四角形には　へん，ちょう点は　それぞれ　いくつ　ありますか。

1つ5点【20点】

① 三角形

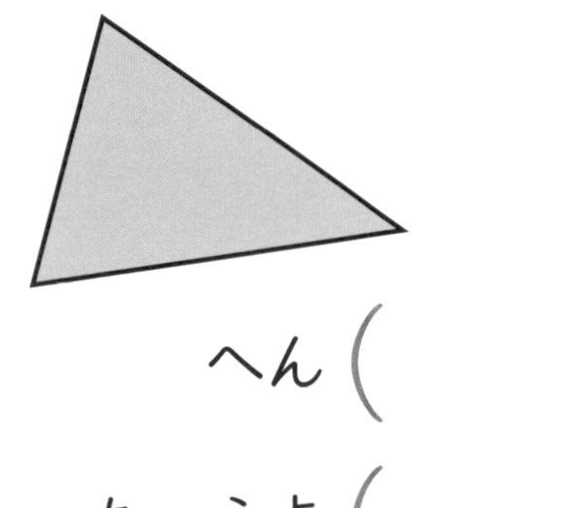

へん（　　　　）

ちょう点（　　　　）

② 四角形

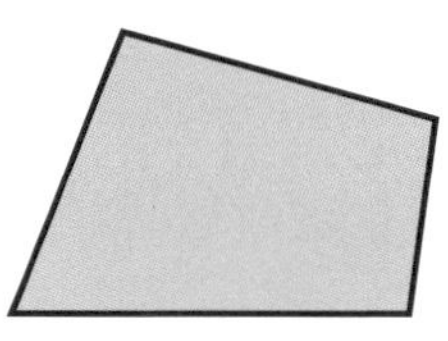

へん（　　　　）

ちょう点（　　　　）

5 かどの　形が　直角の　ものには　○を，直角で　ない　ものには　×を　書きましょう。

1つ5点【20点】

①　②　③　④

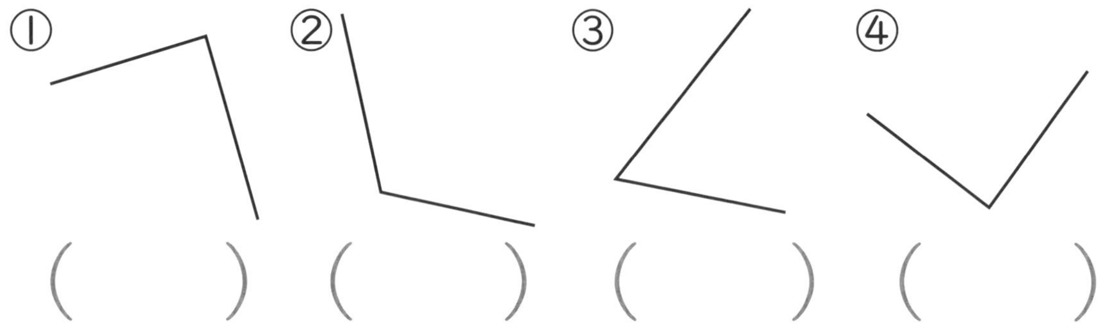

（　　　）（　　　）（　　　）（　　　）

6 つぎの　形には，直角の　かどが　いくつ　ありますか。

1つ6点【12点】

①

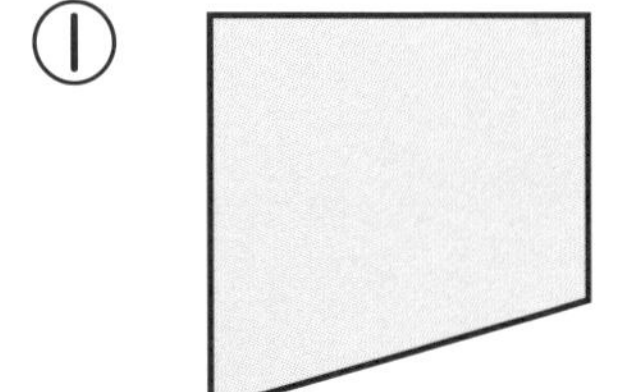

（　　　　）

②

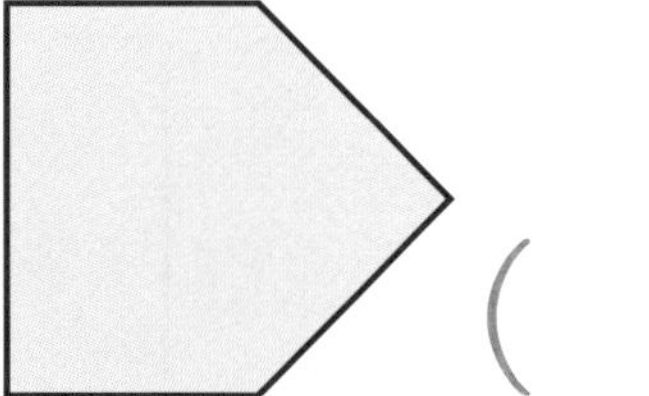

（　　　　）

おつかれさま！　今日も　がんばったね。

答え ▶ 93ページ

31 三角形と　四角形
長方形と　正方形

1 ㋐，㋑の　へんの　長さは　何cmですか。　1つ6点【12点】

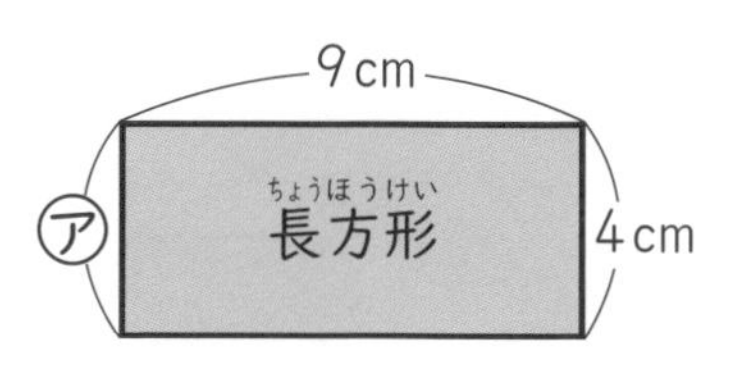

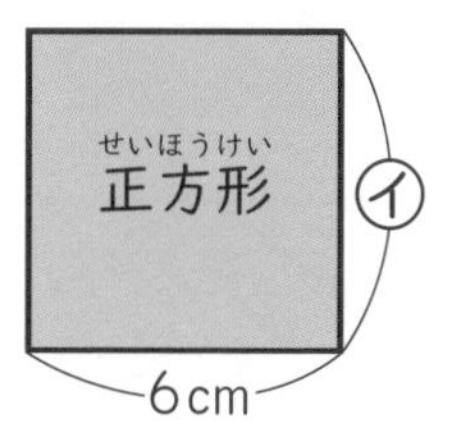

・**長方形**…むかい合って

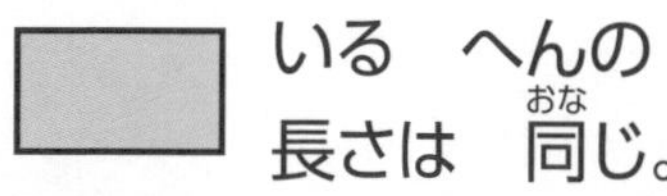

いる　へんの
長さは　同じ。

・**正方形**…4つの　へんの
長さは　みな
同じ。

㋐（　　　）　㋑（　　　）

2 長方形を　2つ　見つけて，記ごうで　答えましょう。

1つ6点【12点】

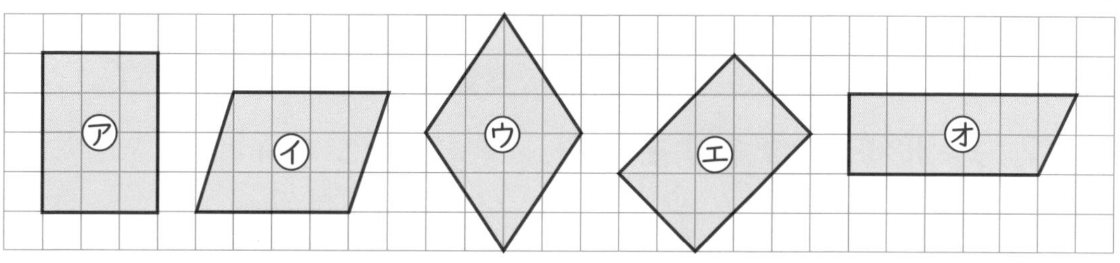

4つの　かどが　みんな　直角に
なって　いる　四角形が　長方形だよ。

（　　　）（　　　）

3 正方形を　2つ　見つけて，記ごうで　答えましょう。

1つ6点【12点】

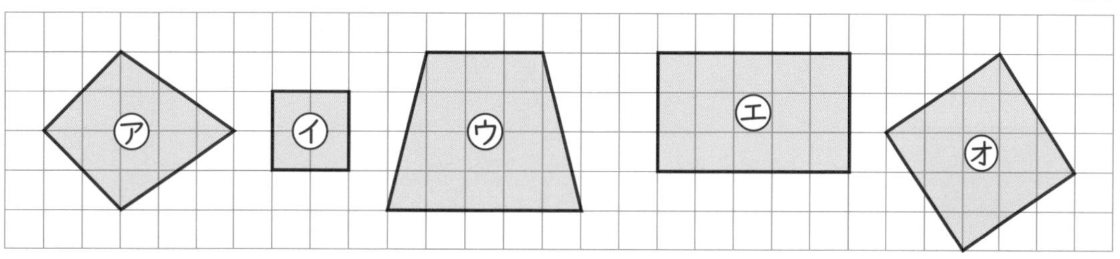

（　　　）（　　　）

4 長方形，正方形を　それぞれ　3つ　見つけて，記ごうで答えましょう。

1つ7点【42点】

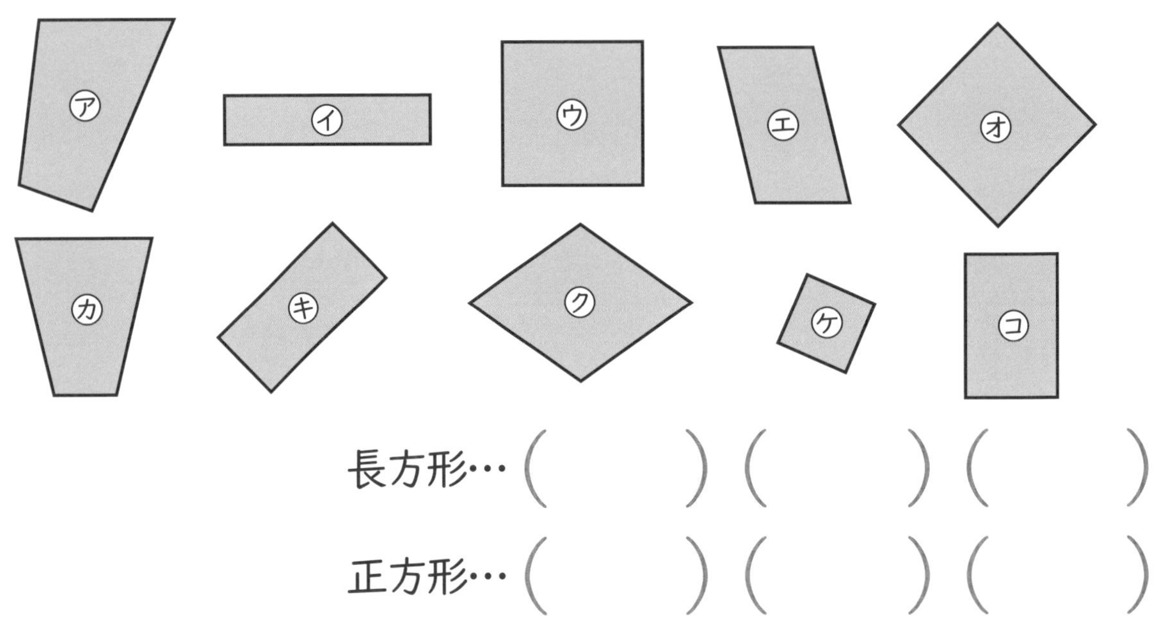

長方形…（　　）（　　）（　　）

正方形…（　　）（　　）（　　）

5 同じ　形の　三角じょうぎを　4まい　組み合わせて，①，②の　形を　つくりました。それぞれ　何と　いう四角形ですか。

1つ7点【14点】

①

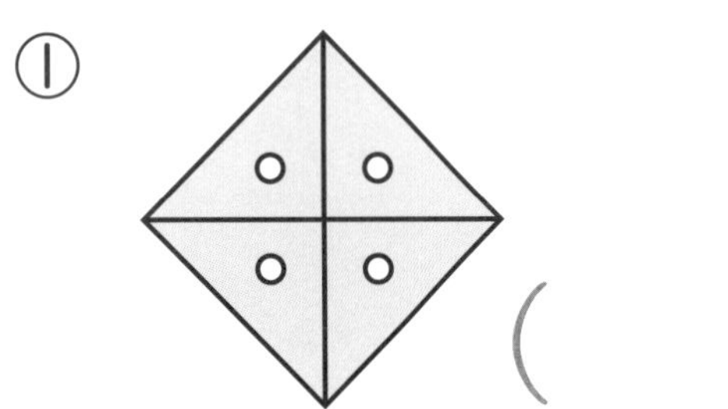

（　　）

②

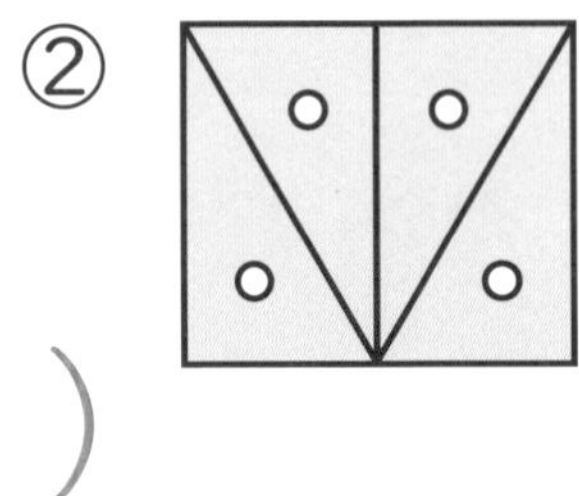

（　　）

6 下の　長方形の　まわりの　長さは　何cmですか。　【8点】

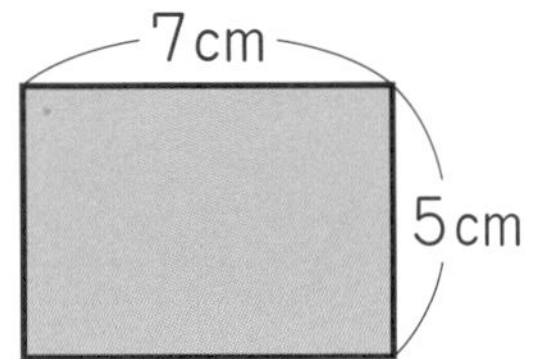

（　　）

まじめに　べんきょうできたね。おつかれさま！

答え ▶ 93ページ

32

三角形と　四角形

直角三角形

もくひょう 10分

月　日

とく点　　点

1 長方形の　紙を，下のように　点線の　ところで　切ると，何と　いう　三角形が　できますか。【8点】

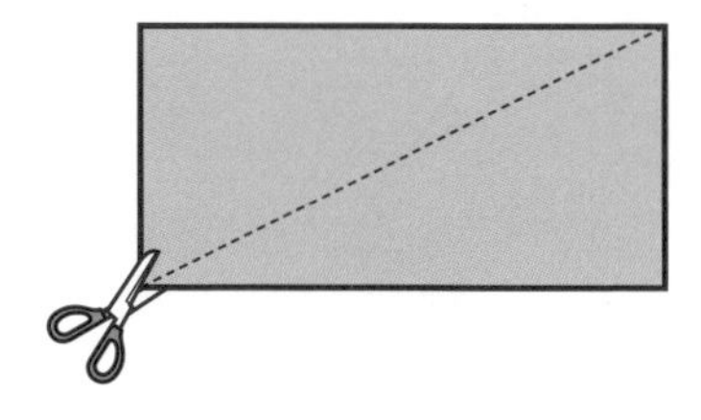

(　　　　)

直角の　かどが
ある　三角形が
できるね。

2 直角三角形を　3つ　見つけて，記ごうで　答えましょう。1つ6点【18点】

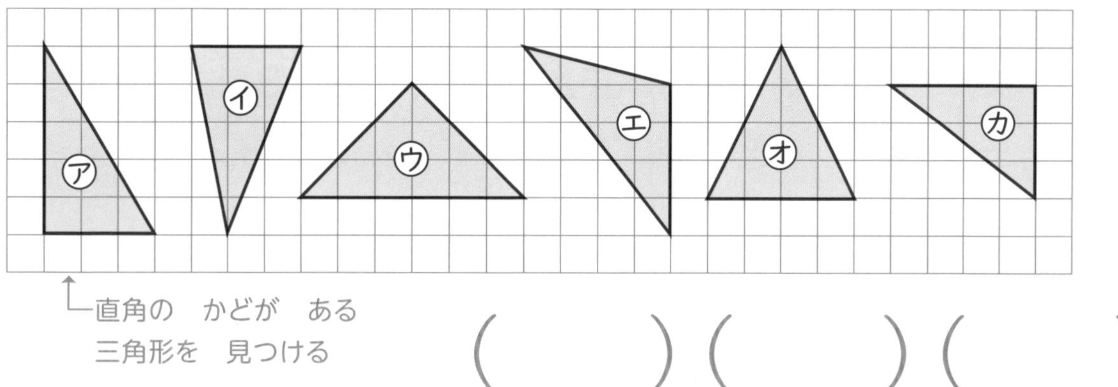

直角の　かどが　ある
三角形を　見つける

(　　　　)(　　　　)(　　　　)

3 同じ　形の　三角じょうぎを　2まい　組み合わせて，下の　ような　形を　つくりました。直角三角形で　ある　ものには　○を，ちがう　ものには　×を　書きましょう。1つ6点【18点】

①

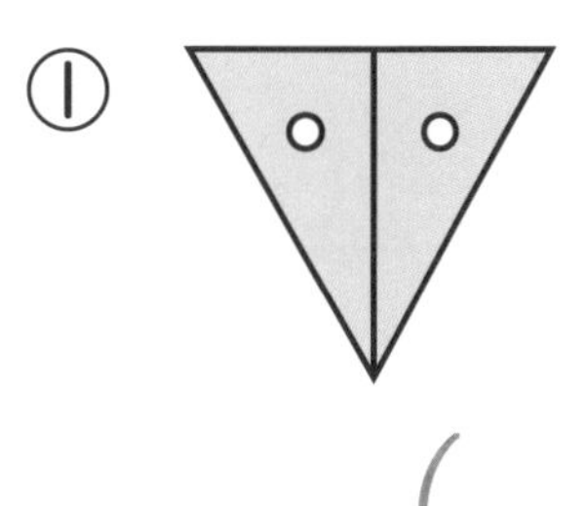

(　　　　)

②

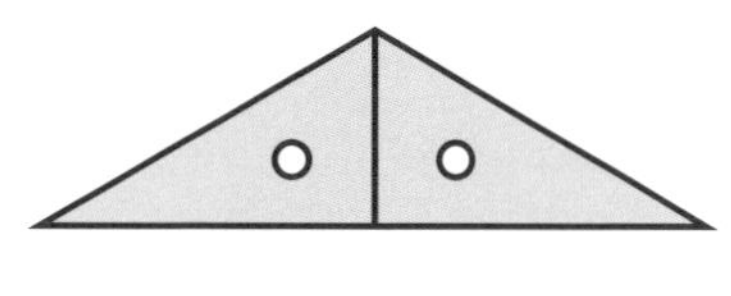

(　　　　)

③

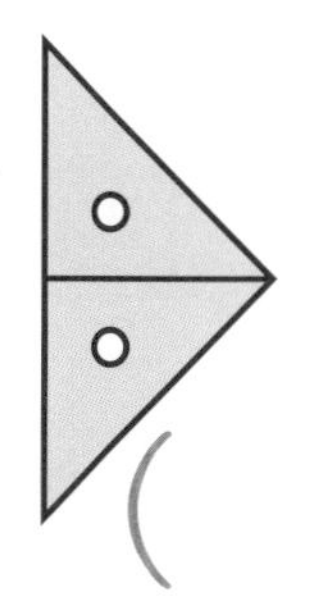

(　　　　)

4 直角三角形を　4つ　見つけて，記ごうで　答えましょう。

1つ7点【28点】

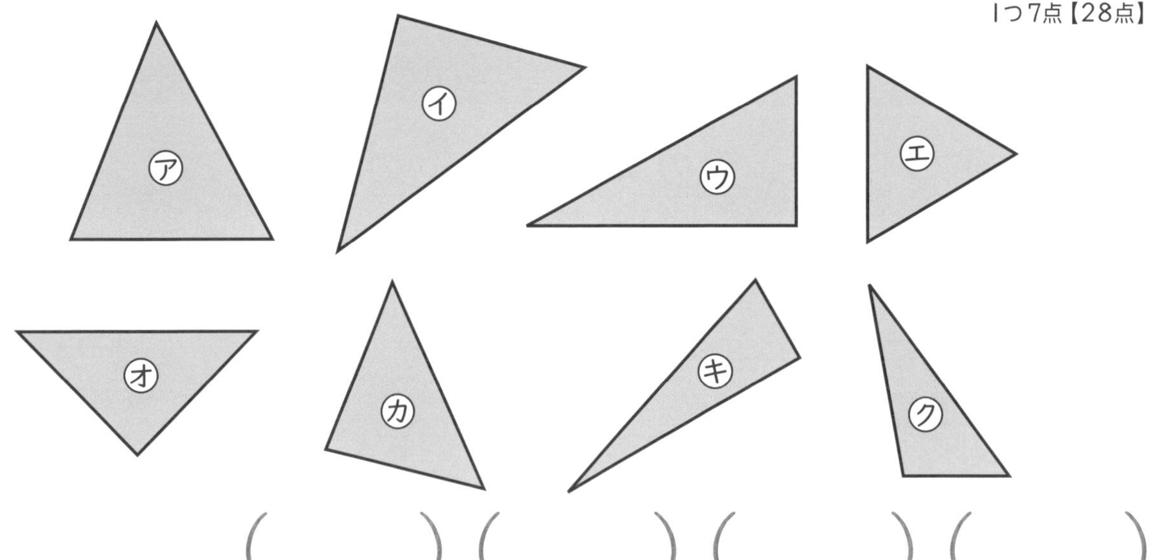

(　　　)(　　　)(　　　)(　　　)

5 長方形や　正方形の　紙を，下のように　点線の　ところで　切ります。できる　直角三角形の　数を　書きましょう。直角三角形が　できない　ものには　×を　書きましょう。

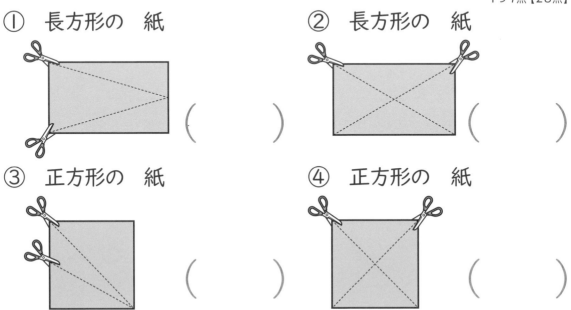

1つ7点【28点】

① 長方形の　紙　(　　　)

② 長方形の　紙　(　　　)

③ 正方形の　紙　(　　　)

④ 正方形の　紙　(　　　)

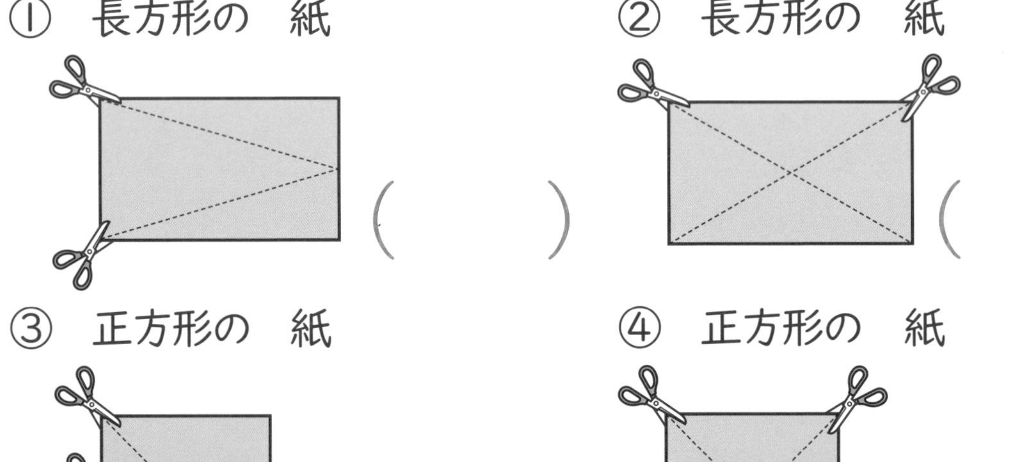

答え ▶ 93ページ

33 長方形，正方形，直角三角形の　かき方

1 下の　方(ほう)がんに，つぎのような　長方形(ちょうほうけい)を　かきましょう。

1つ10点【20点】

①

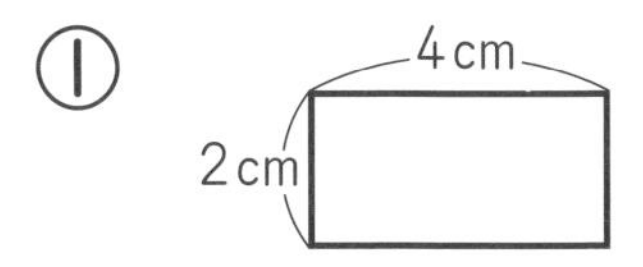

たては　方がんの　2ます分(ぶん)，
よこは　方がんの　4ます分

②

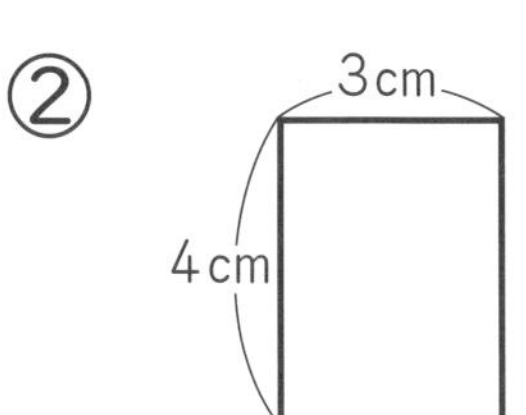

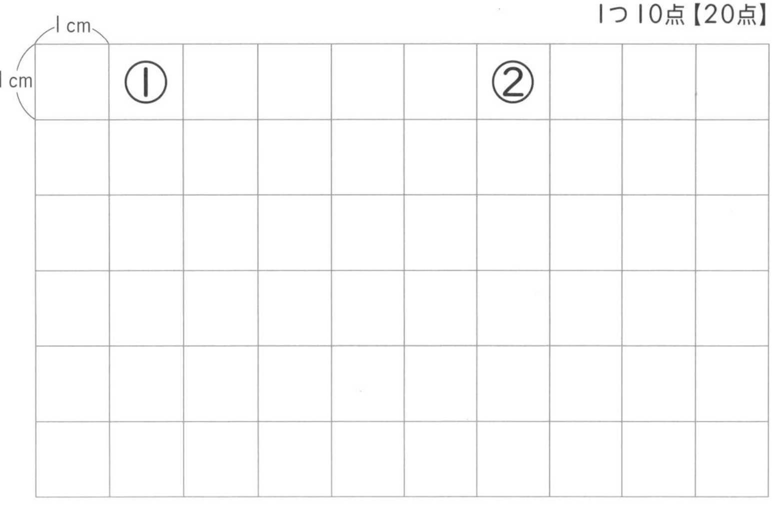

2 右の　方がんに，つぎのような　正方形(せいほうけい)を　かきましょう。

【10点】

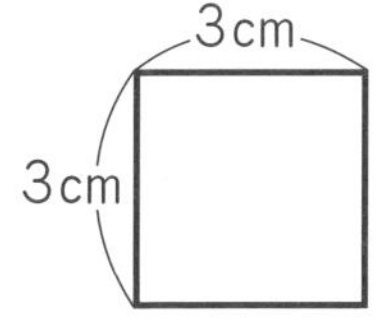

たてと　よこは，
どちらも　方がんの
3ます分に　なるね。

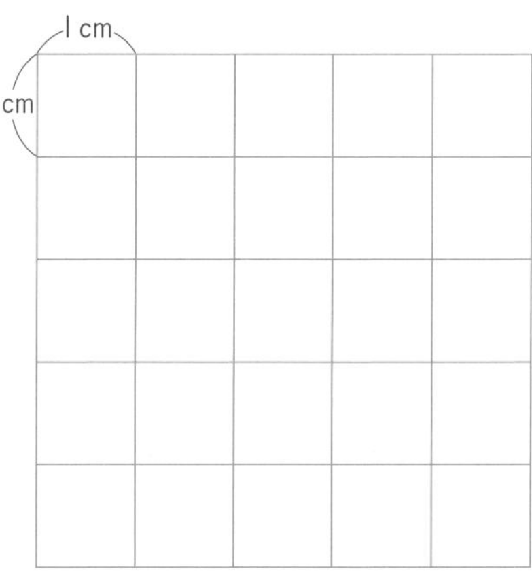

3 右の　方がんに，つぎのような　直角三角形(ちょっかくさんかくけい)を　かきましょう。

【10点】

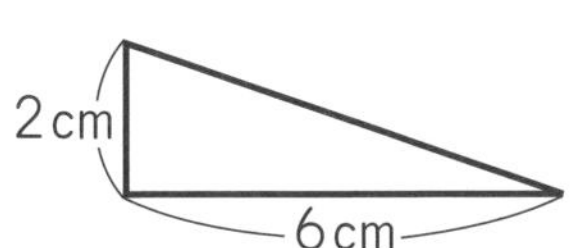

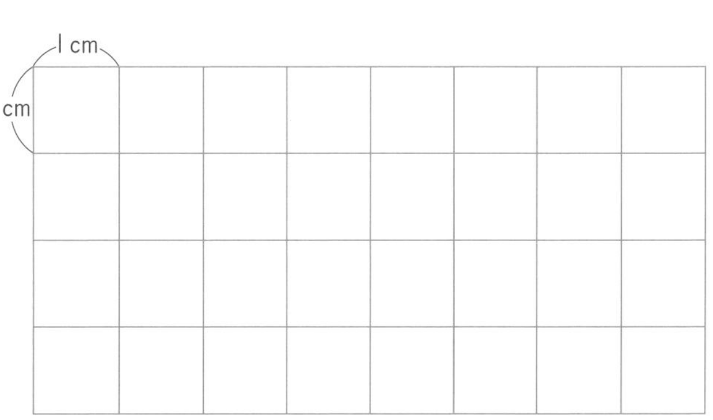

4 下の　方がんに，つぎの　形を　かきましょう。　1つ15点【60点】

① たて　3cm，よこ　6cmの　長方形

② たて　7cm，よこ　4cmの　長方形

③ 1つの　へんの　長さが　4cmの　正方形

④ 直角に　なる　2つの　へんの　長さが　3cmと　8cmの　直角三角形

1cm　1cm

①　②

③

④

いろいろな　形の　かき方は　よく　わかったね。

答え ▶ 94ページ

1 はこの　形(かたち)で，㋐，㋑，㋒の　ところを　何(なん)と　いいますか。
□に　あてはまる　ことばを　書(か)きましょう。　1つ5点【15点】

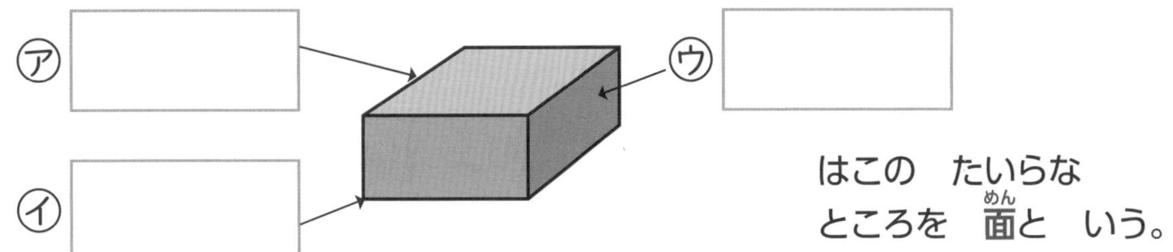

はこの　たいらな
ところを　面(めん)と　いう。

2 はこの　面の　形を　色紙(いろがみ)に　うつしとりました。①，②，③の　はこの　面を　うつしとったのは，下の　㋐，㋑，㋒の
うちの　どれですか。　1つ6点【18点】

① どの　面も　長方形(ちょうほうけい)　（　　）

② どの　面も　正方形(せいほうけい)　（　　）

③ 長方形と　正方形の　面が　ある　（　　）

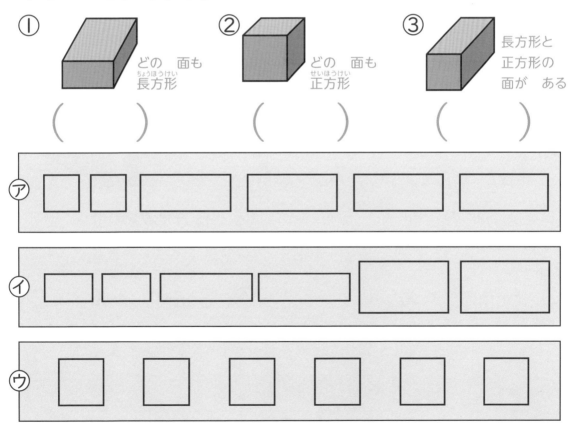

㋐

㋑

㋒

3 はこの　形には，面，へん，ちょう点は　それぞれ　いくつ　ありますか。

1つ5点【15点】

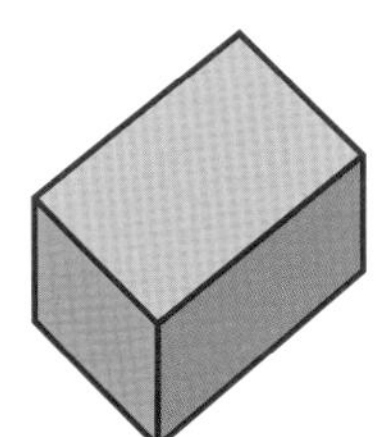

面の　数　（　　　）　へんの　数　（　　　）　ちょう点の　数　（　　　）

4 ひごと　ねん土玉を　つかって，下のような　はこの　形を　つくります。つぎの　ひごや　ねん土玉は，それぞれ　いくつ　いりますか。

1つ6点【24点】

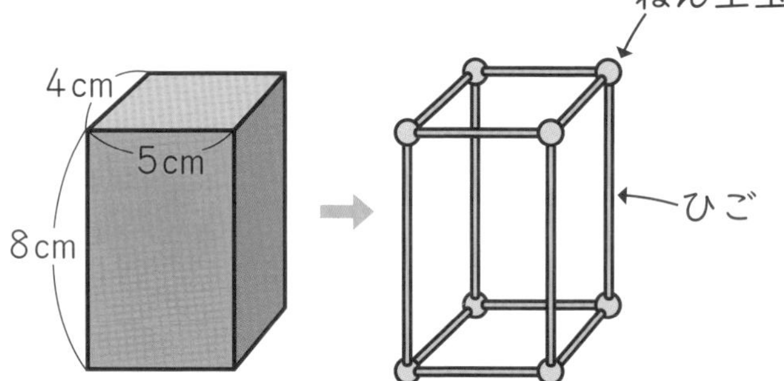

4cmの　ひご（　　　本）

5cmの　ひご（　　　本）

8cmの　ひご（　　　本）

ねん土玉（　　　こ）

5 右の　はこの　形には，つぎの　面，へんは　いくつ　ありますか。

1つ7点【28点】

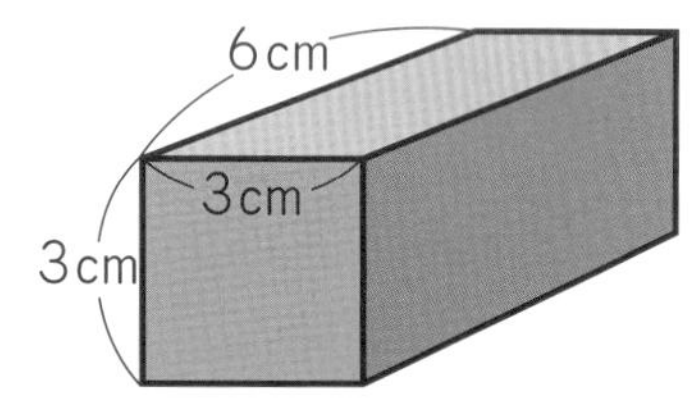

① 正方形の　面

（　　　）

② 長方形の　面

（　　　）

③ 6cmの　へん

④ 3cmの　へん

はこの　形で，面，へん，ちょう点は　わかったね。

答え ▶ 94ページ

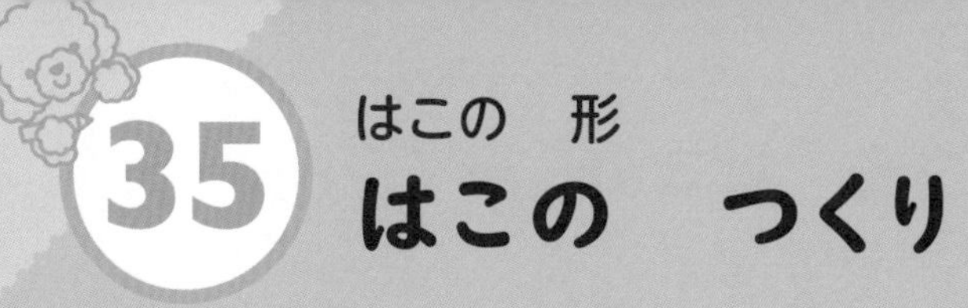

35 はこの 形
はこの つくり

月 日	もくひょう 10分
とく点	点

1 ①，②，③の 形を 組み立てて できる はこの 形を ㋐，㋑，㋒から えらび，線で つなぎましょう。 1つ6点【18点】

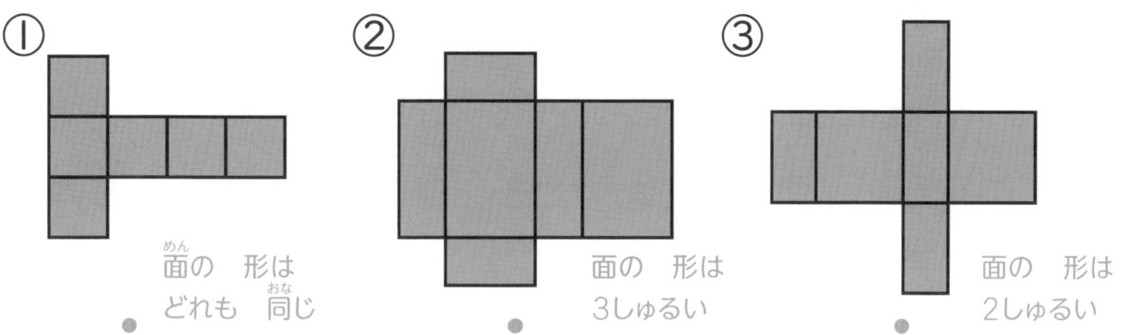

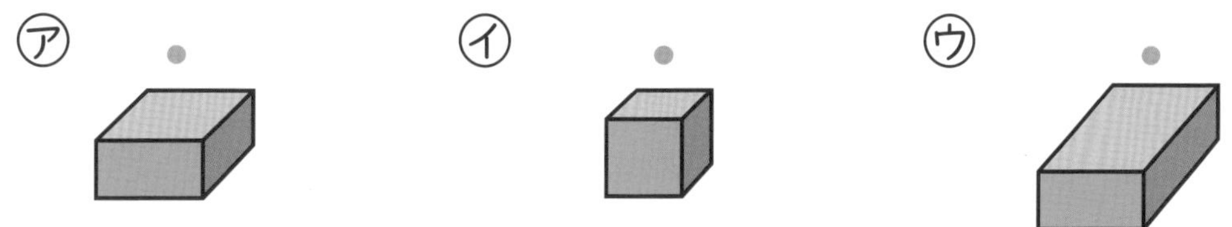

2 下の 形を 組み立てて できる はこの 形で，Ⓐ，Ⓘ，Ⓤの 面と むかい合う 面を 答えましょう。 1つ6点【18点】

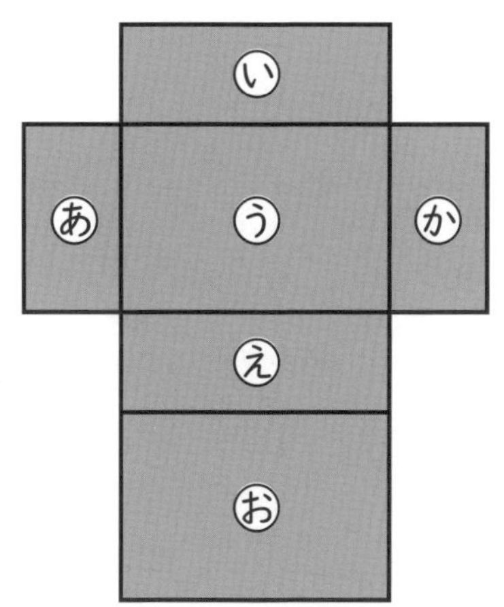

あの 面 （　　　　）

いの 面 （　　　　）

うの 面 （　　　　）

むかい合う 面は，1つおきに ならんで いて，形も 大きさも 同じだよ。

3 下の　形を　組み立てて　できる　はこの　形で，㋑，㋓，㋔の　面と　むかい合う　面を　答えましょう。　1つ6点【18点】

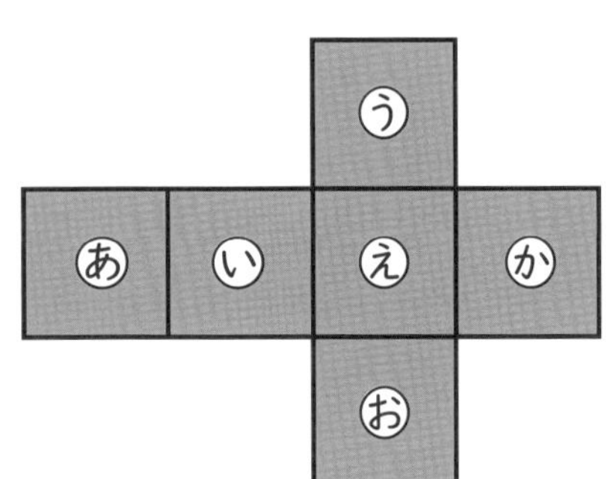

㋑の　面（　　　）

㋓の　面（　　　）

㋔の　面（　　　）

4 下の　形を　組み立てた　とき，はこが　できる　ものには　○を，できない　ものには　×を　書きましょう。　1つ6点【18点】

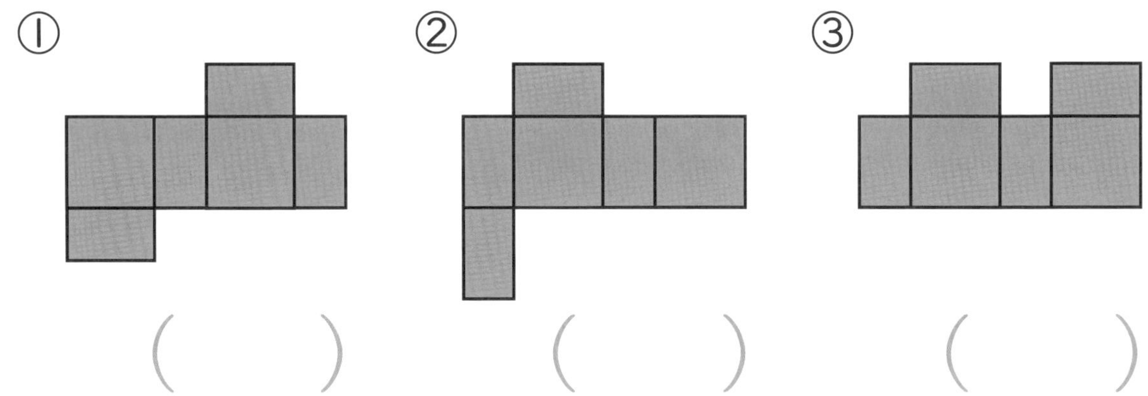

（　　　）　（　　　）　（　　　）

5 下の　形を　組み立てて　できる　はこの　形で，つぎの　へんの　長さは　何cmに　なりますか。　1つ7点【28点】

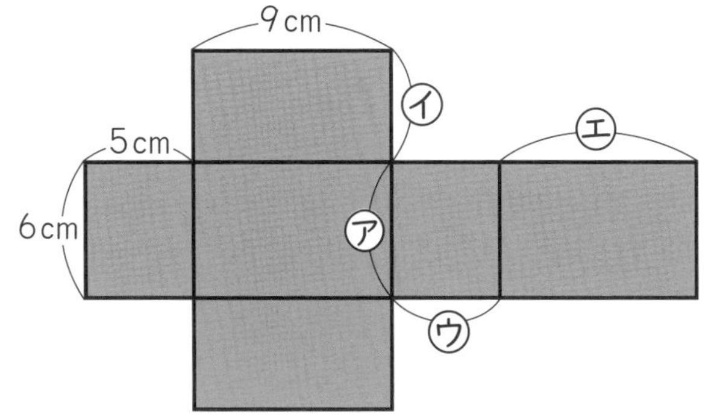

㋐の　へん（　　　）

㋑の　へん（　　　）

㋒の　へん（　　　）

㋓の　へん（　　　）

今日も　がんばったね。ゴールまで　あと　少し！

答え ▶ 95ページ

36 分数
分数の　あらわし方

月　日　10分　とく点　点

1 色を　ぬった　ところが　もとの　大きさの　$\frac{1}{2}$に　なって　いる　ものを　ぜんぶ　えらんで，記ごうで　答えましょう。【7点】

㋐ 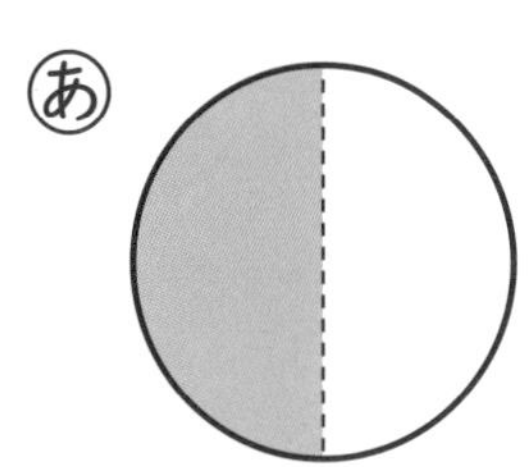 ㋑ 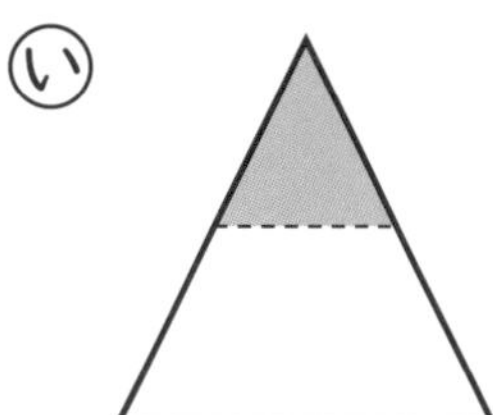 ㋒ 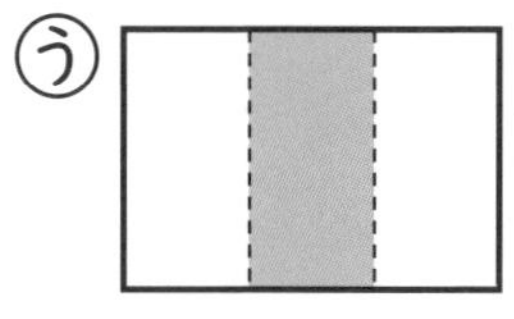 ㋓ 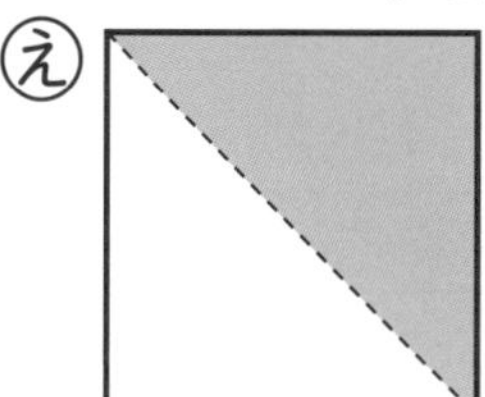

同じ　大きさに　2つに　分けた　1つ分を，
もとの　大きさの　$\frac{1}{2}$と　いう。

（　　　　）

2 色を　ぬった　ところは，もとの　大きさの　何分の一ですか。分数で　書きましょう。1つ7点【14点】

① 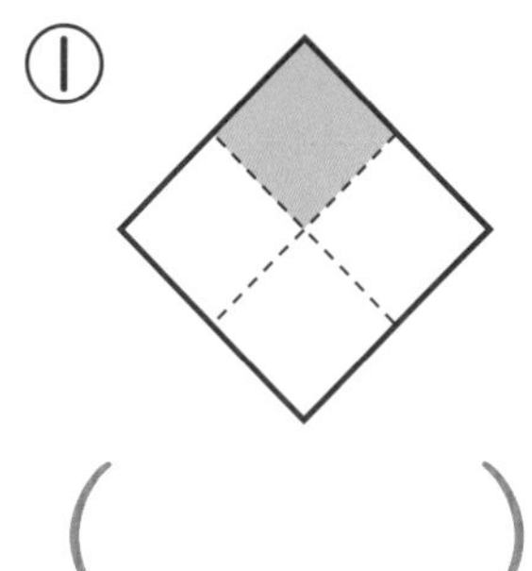

（　　　　）

② 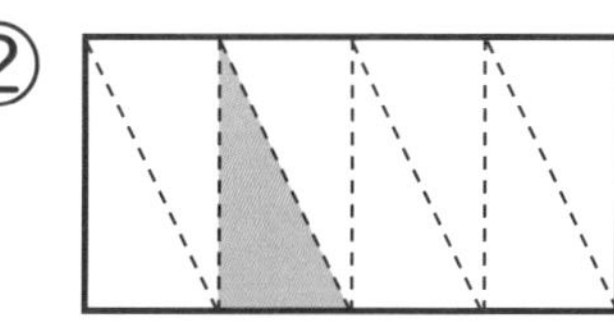

（　　　　）

いくつに　分けた
1つ分かを　考えようね。

3 もとの　大きさの　$\frac{1}{4}$だけ　色を　ぬりましょう。1つ8点【24点】

① 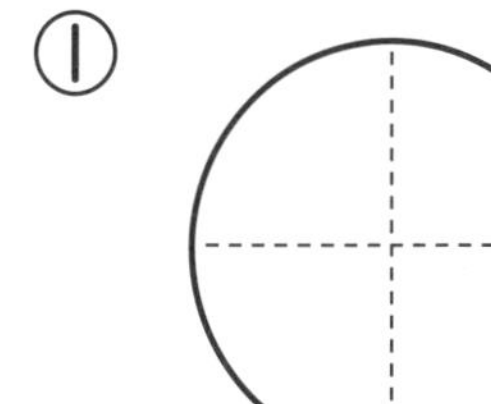

② 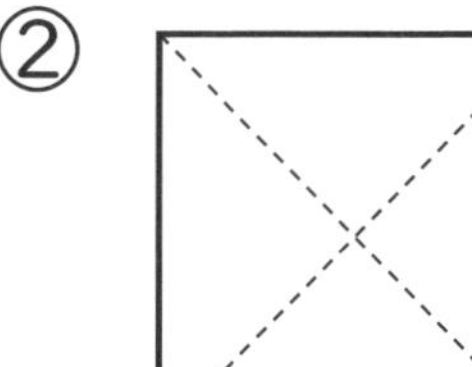

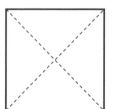

③ 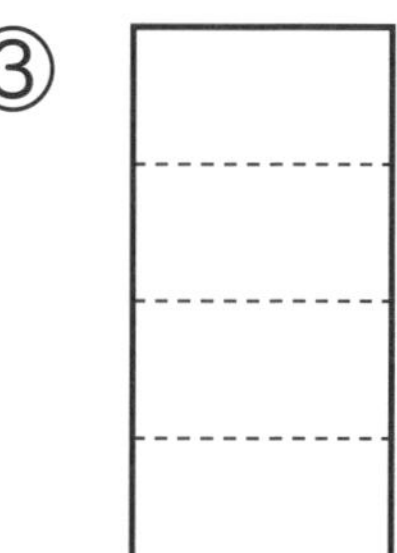

4 色を　ぬった　ところが　もとの　大きさの　$\frac{1}{4}$に　なって　いる　ものを　ぜんぶ　えらんで，記ごうで　答えましょう。

【7点】

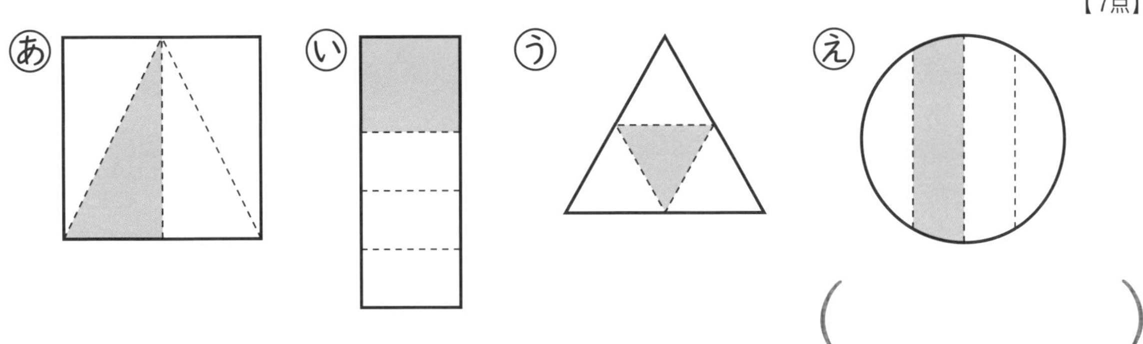

（　　　　）

5 色を　ぬった　ところは，もとの　大きさの　何分の一ですか。分数で　書きましょう。

1つ8点【24点】

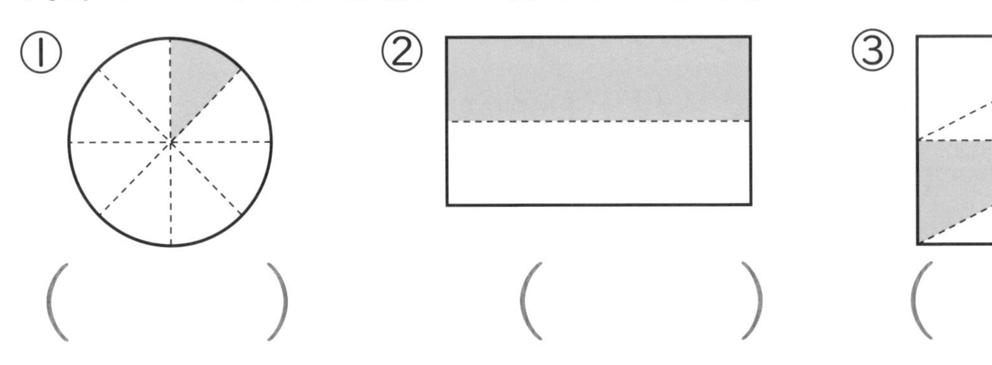

（　　　　）　（　　　　）　（　　　　）

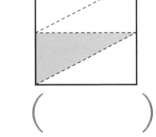

6 もとの　大きさの　$\frac{1}{8}$だけ　色を　ぬりましょう。

1つ8点【24点】

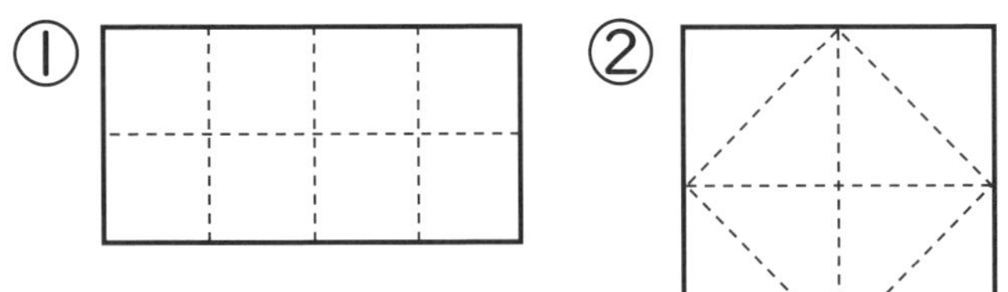

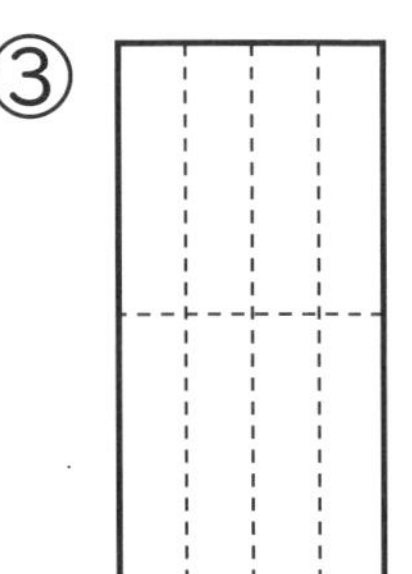

分数の　あらわし方は　もう　わかったね。

答え ▶ 95ページ

37 分数
分数と　もとの　大きさ

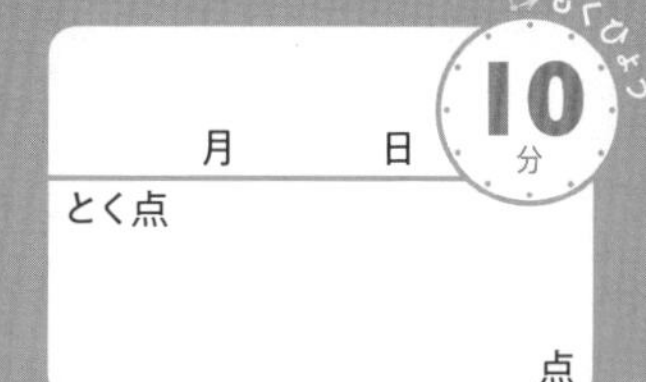

1 長(なが)さの　ちがう　2つの　テープを　ならべました。つぎの　もんだいに　答(こた)えましょう。　1つ7点【14点】

① ㋐の　長さは　㋑の　長さの　何分(なんぶん)の一(いち)ですか。（　　　　）

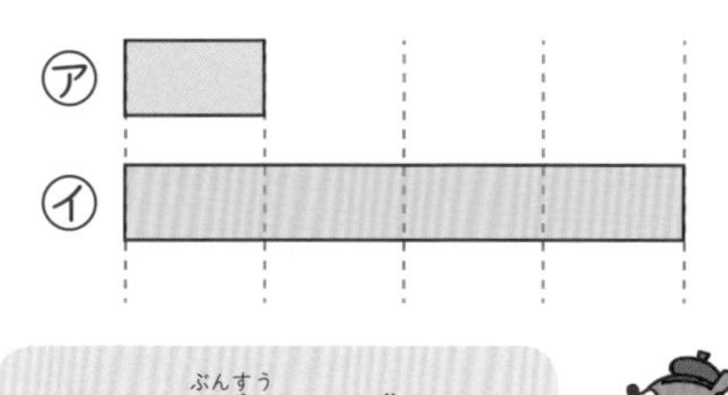

② ㋑の　長さは　㋐の　長さの　何ばいですか。（　　　　）

ばいと　分数(ぶんすう)は　ぎゃくの　かんけいに　なって　いるね。

2 6こと　8この　●が　あります。つぎの　もんだいに　答えましょう。　1つ8点【32点】

① 6この　$\frac{1}{3}$は　何こですか。

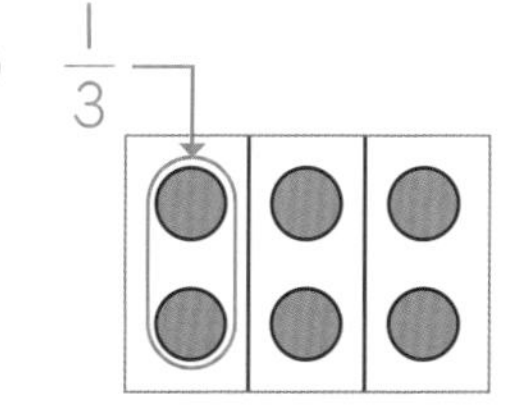

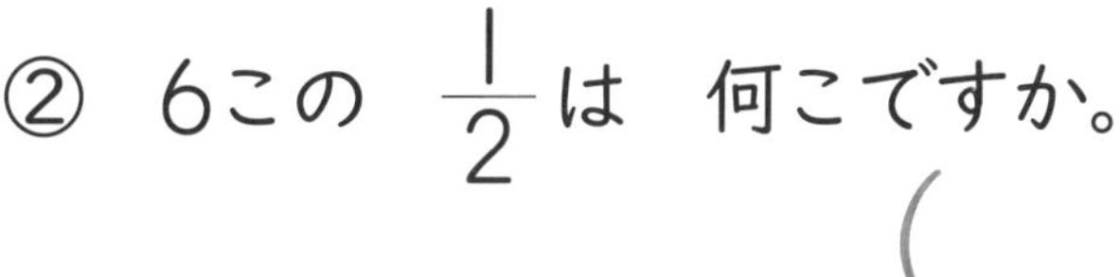

（　　　　）

② 6この　$\frac{1}{2}$は　何こですか。

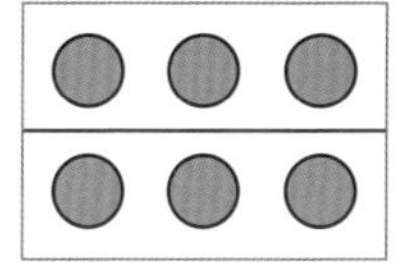

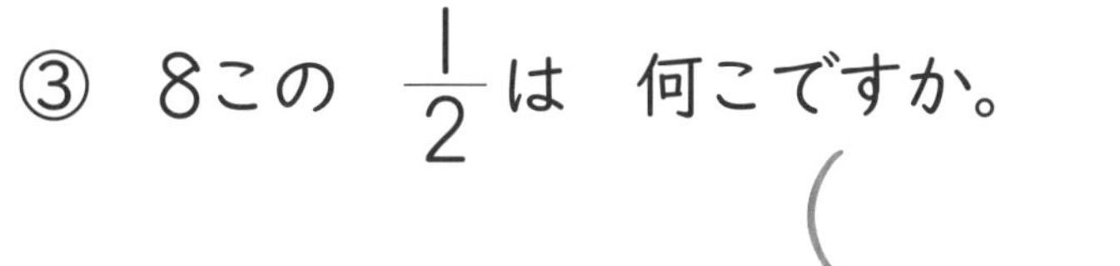

（　　　　）

③ 8この　$\frac{1}{2}$は　何こですか。

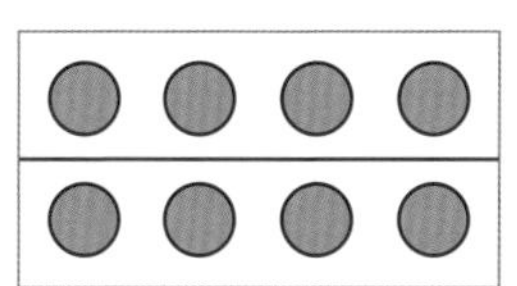

（　　　　）

④ $\frac{1}{2}$の　大きさを　何ばいすると，もとの　大きさに　なりますか。

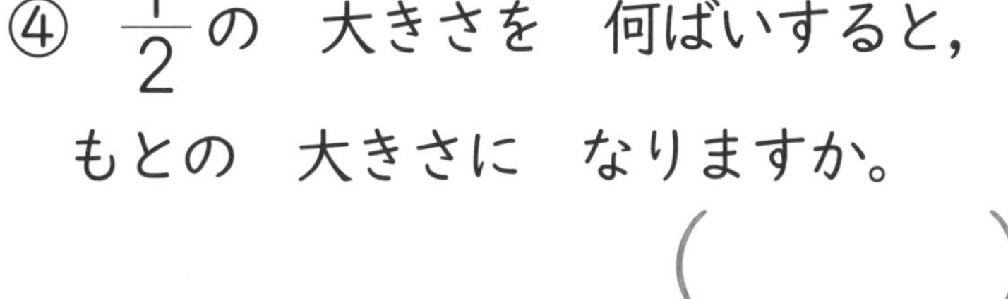

（　　　　）

②と　③は　もとの　数(かず)が　ちがうので，同(おな)じ　$\frac{1}{2}$でも　数が　ちがう。

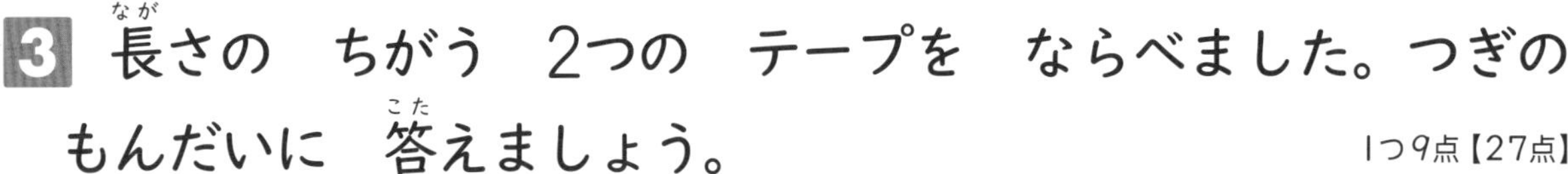

3 長さの　ちがう　2つの　テープを　ならべました。つぎの　もんだいに　答えましょう。

1つ9点【27点】

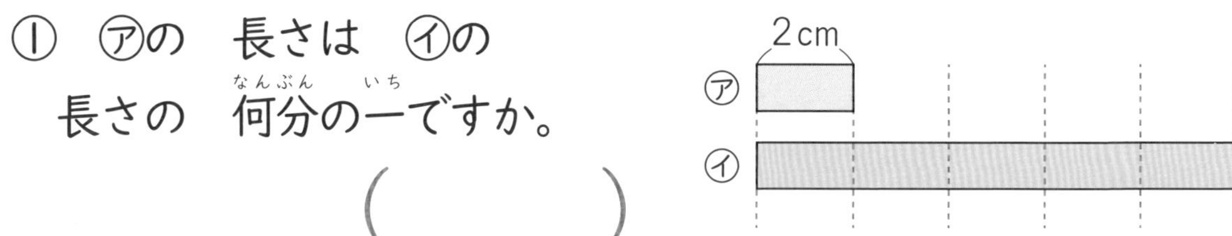

① ㋐の　長さは　㋑の　長さの　何分の一ですか。

(　　　　)

② ㋑の　長さは　㋐の　長さの　何ばいですか。

(　　　　)

③ ㋐の　長さは　2cmです。㋑の　長さは　何cmですか。

(　　　　)

4 12この　●が　下の　図のように　ならんで　います。つぎの　もんだいに　答えましょう。

1つ9点【27点】

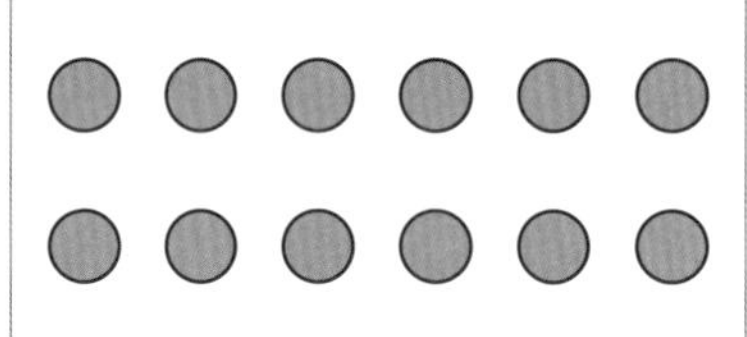

① $\frac{1}{3}$の　大きさに　なるように，図に　2本の　直線を　かきましょう。

② $\frac{1}{3}$の　ときの　●の　数を　答えましょう。

(　　　　)

③ $\frac{1}{3}$の　大きさを　何ばいすると，もとの　大きさに　なりますか。

(　　　　)

ここまで　がんばったね。つぎは　パズルだよ！

答え ▶ 96ページ

[はこを ひらいた 形は？]

1 4人が，「あみだ」で たどりついた はこを ひらいた とき，右の 図のように なるのは だれかな？

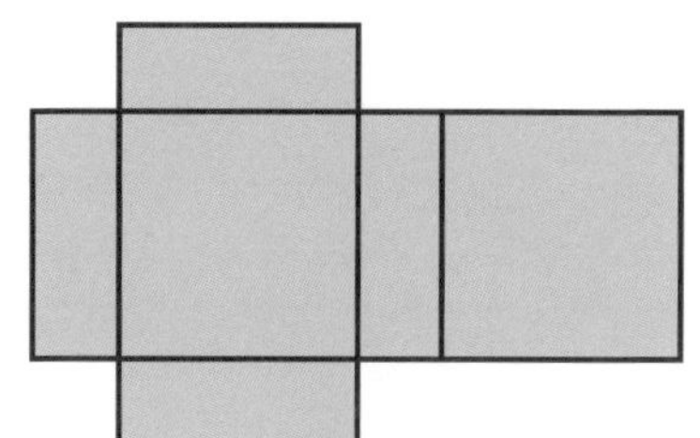

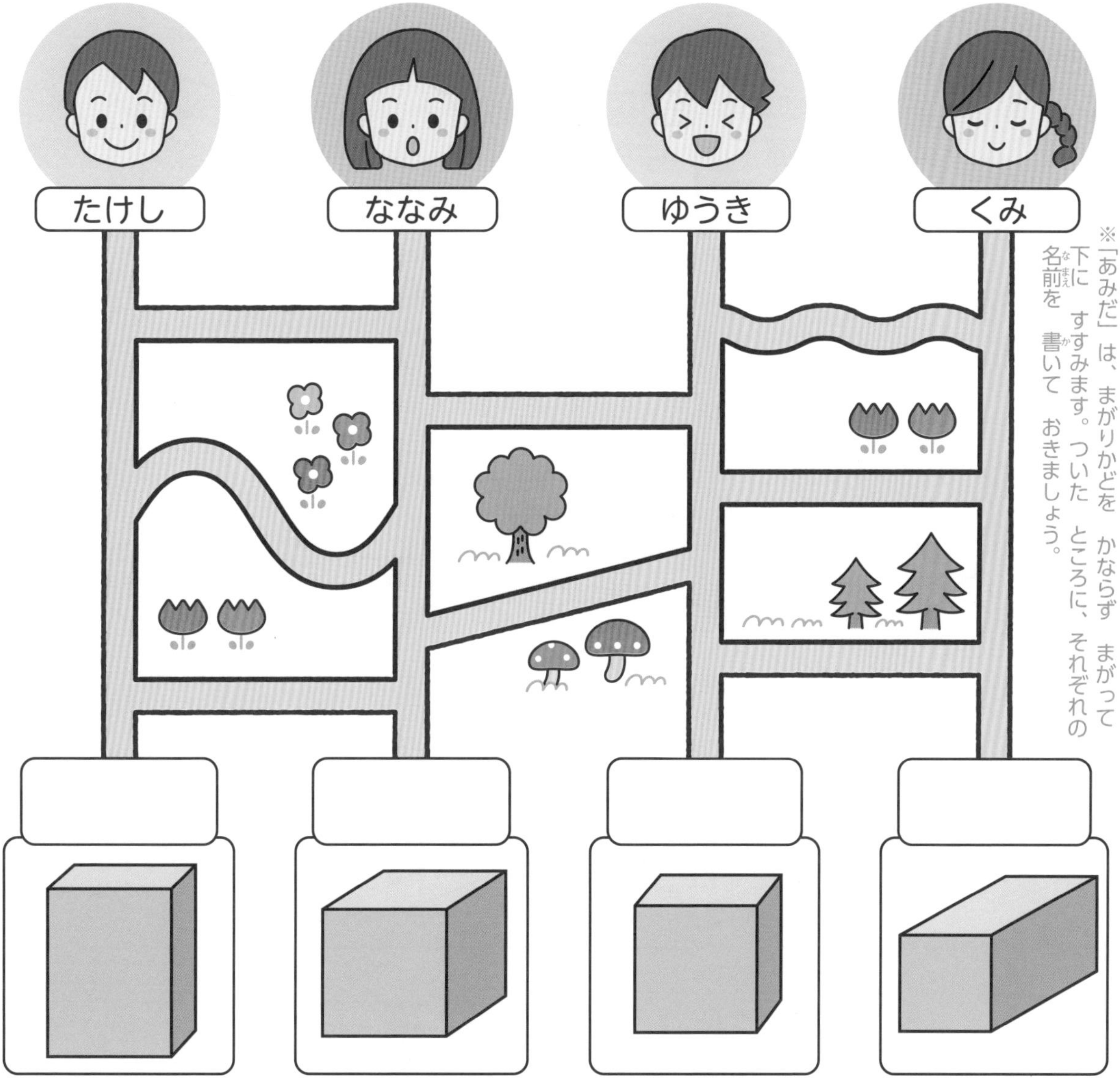

たけし　ななみ　ゆうき　くみ

※「あみだ」は、まがりかどを かならず まがって 下に すすみます。ついた ところに、それぞれの 名前を 書いて おきましょう。

答え

2 4人が，「あみだ」で　たどりついた
さいころを　ひらいた　とき，右の
図（ず）のように　なるのは　だれかな？

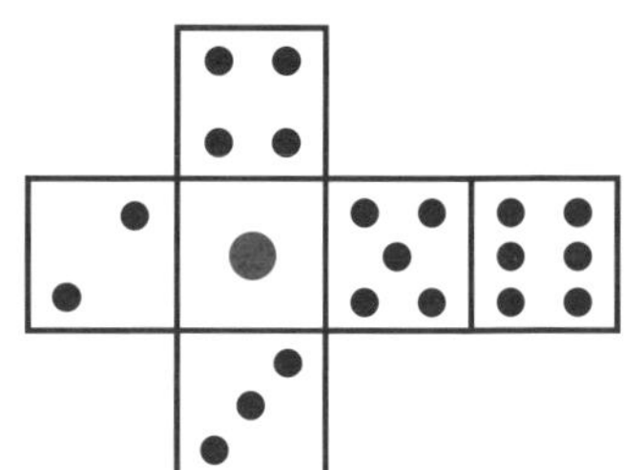

たくみ　みき　あつし　なつみ

答え

答え ▶ 96ページ

39 まとめテスト

名前

月　日　とく点　点

15分

1 えんぴつの　数を　しらべて，グラフに　あらわしました。

1つ5点【10点】

① えんぴつを　いちばん　多く　もって　いるのは　だれですか。

（　　　　　）

② ゆきおさんは，ゆうきさんより　何本　多く　もって　いますか。

（　　　　　）

えんぴつの　数

●				
●				●
●		●		●
●	●	●		●
●	●	●	●	●
●	●	●	●	●
●	●	●	●	●
●	●	●	●	●
たかし	ゆうき	かずや	ごろう	ゆきお

2 午後3時10分から　40分後の　時こくを　書きましょう。

【5点】

（　　　　　）

3 □に　あてはまる　数を　書きましょう。

1つ5点【20点】

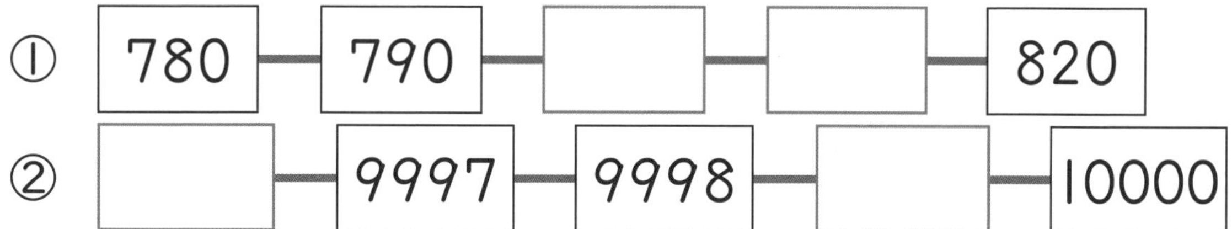

4 テープの　長さは　何m何cmですか。

【5点】

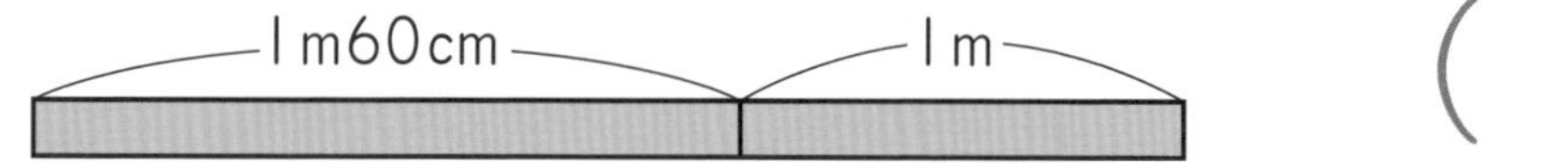

（　　　　　）

5 ［　］に　あてはまる　数を　書きましょう。　　1つ5点【20点】

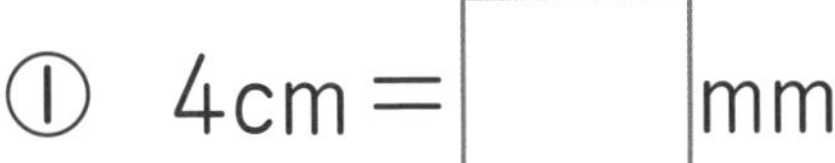

① 4cm＝［　］mm　　② 5m7cm＝［　］cm

③ 3L＝［　］dL　　④ 8dL＝［　］mL

6 長方形，直角三角形を　えらんで，記ごうで　答えましょう。　　1つ5点【10点】

長方形（　　　）　直角三角形（　　　）

7 色を　ぬった　ところは，もとの　大きさの
何分の一ですか。分数で　書きましょう。　　1つ5点【15点】

①

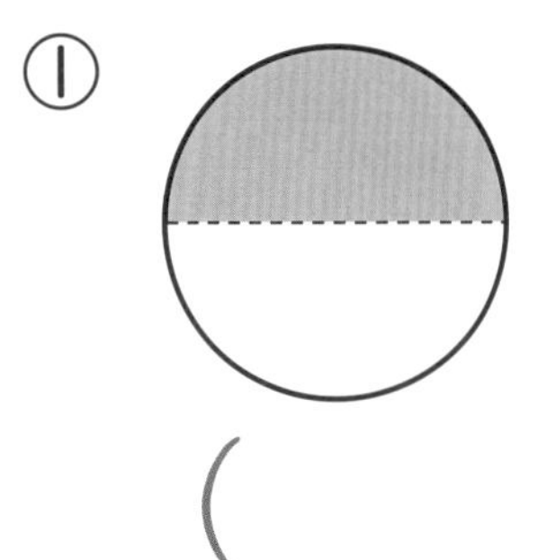

②

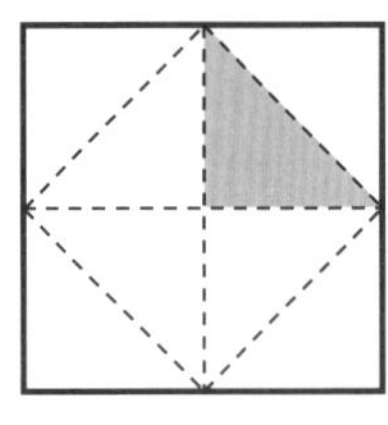

③

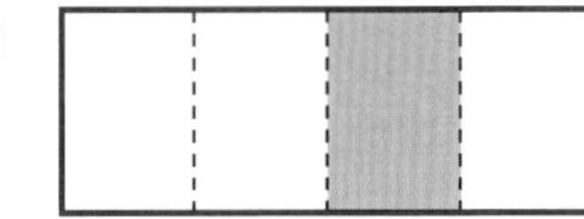

（　　　）　（　　　）　（　　　）

8 右の　はこの　形に　ついて　答えましょう。　　1つ5点【15点】

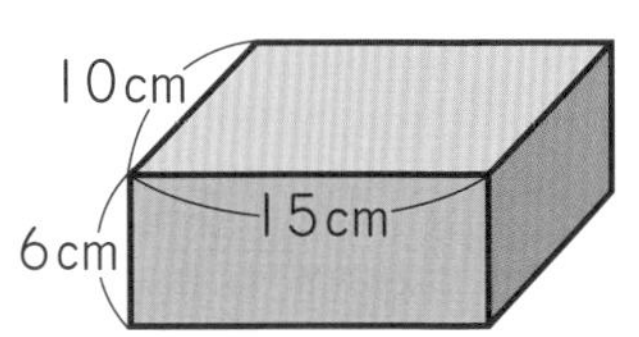

① ちょう点は　いくつ　ありますか。

（　　　）

② つぎの　長さの　へんは　それぞれ　いくつ　ありますか。

10cm（　　　）　6cm（　　　）

答え ▶ 96ページ

おうちの方へ

▶まちがえた問題は，何度も練習させましょう。

▶アドバイスも参考に，お子さまに指導してあげてください。

1 ひょうや　グラフの　読み方　5~6ページ

1 ①5本　②パンジー

③チューリップ

④ヒヤシンス

2 ①6ぴき　②ねずみ

③さる　④うさぎ

⑤りす　⑥5ひき

アドバイス　表やグラフに表すと，次のようなことがわかりやすくなることに気づかせてください。

・表は，数がいくつかがわかりやすい。

・グラフは，数の多い，少ないがわかりやすい。

2 ひょうや グラフの あらわし方　7~8ページ

1 ①

虫	とんぼ	ちょう	かぶとむし	せみ
数	5	7	3	4

②

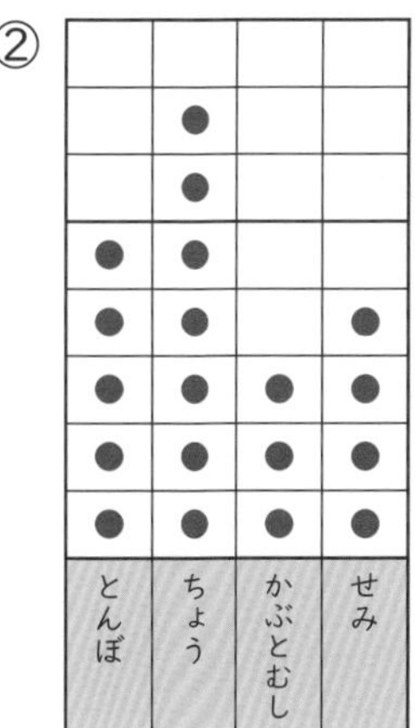

③せみ　④ちょう

2 ①

くだもの	りんご	いちご	もも	みかん	バナナ
数	7	9	5	7	4

②

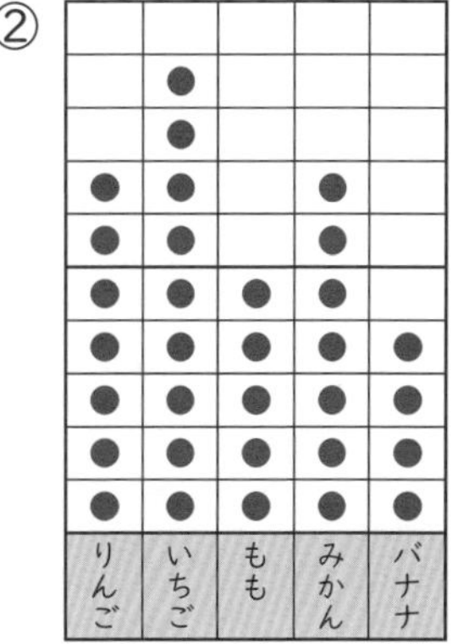

③みかん　④4こ

アドバイス　**1**の虫の数や**2**の果物の数を数えるときは，見落としや重複に注意しながら数えさせてください。

3 時こくと　時間①　9~10ページ

1 ①午前7時30分

②午後9時5分

③午後5時40分

④午前11時15分

2 ①60　②24　③12

3 ①午後6時50分

②午前6時45分

③午前10時20分

④午後3時25分

4 ①65　②80　③100

④1，10　⑤1，30

アドバイス　**3**では，時計に添えられた文章から，午前か午後かを正しく判断できるように指導しましょう。

4の①は，1時間=60分より，60分と5分で，65分になることを理解させましょう。

4 時こくと　時間②　11~12ページ

1 ①午前9時
②午前10時20分
③午前8時30分
④午後2時

2 ①45分(間)　②6時間

3 ①午後2時25分
②午後3時
③午後1時50分
④午後3時45分
⑤35分(間)
⑥1時間40分
⑦午前10時
⑧10時間

アドバイス　問題の時計を見ながら考えさせるとよいでしょう。

1の②では，午前9時30分の30分後が午前10時になることから，求める時刻はその20分後の午前10時20分になると考えさせましょう。④では，午前11時の1時間後が正午になることから，求める時刻はその2時間後の午後2時になると考えさせましょう。

5 100を こえる 数の あらわし方　13~14ページ

1 ①235　②413
③302　④260

2 ①358　②610
③503　④900

3 ①126　②510
③204　④600

4 ①735　②396
③608　④970
⑤800　⑥407

アドバイス　1の③で，三百二と読めても，数字では「32」や「3002」と書いてしまう場合は，何もない位を表す0の意味を正しく理解させましょう。

右のように，位取りの表に数字を書き入れ，何もない位には0を書くように指導すると，何もない位を0で表す意味が理解しやすくなります。

百	十	一
3	0	2

くらい

④で，二百六十を「26」と書いてしまう場合は，一の位には何もないという意味を表す0を書くことに気づかせてください。

6 100を　こえる　数の　しくみ　15~16ページ

1 ①263　②470
③5，2，9　④386
⑤2，7，0
⑥400，10，9

2 ①397　②603
③8，2，5　④2，6
⑤705

3 ①200，80　②600，4

アドバイス　それぞれの位の数字は，100，10，1が何個あるかを表していることを理解させます。

1の②は，100が4個で，百の位の数字が4，10が7個で，十の位の数字が7，1は何もないので，一の位の数字は0になることに気づかせましょう。

⑥では，言葉で表した数のしくみが式で表せることを理解させます。逆に，式を見て，その式が表す数のしくみを言葉で表現する学習も有効です。

7 10が いくつ 17~18ページ

1 ①150 ②270
③400 ④830

2 ①28こ ②36こ
③50こ ④74こ

3 ①120 ②600
③450 ④710
⑤590 ⑥870

4 ①80こ ②31こ ③55こ
④62こ ⑤73こ ⑥94こ

アドバイス 3けたの数の大きさを，10を単位としてとらえる考え方を理解できるようにします。

10を10個集めると100になることをまず理解させましょう。10円玉が10枚で100円になることから考えさせてもよいでしょう。

1の①では，15個を10個と5個に分けて考えさせましょう。

2の①では，280を200と80に分けて考えさせ，200は10を20個集めた数であることに気づかせます。

8 100を こえる 数の ならび方 19~20ページ

1 ①㋐80 ㋑290 ㋒540
②㋐400 ㋑404
③㋐785 ㋑805

2 ①800，900
②300，400
③700，710

3 ①㋐350 ㋑520 ㋒780
②㋐864 ㋑907
③㋐800 ㋑850
④㋐575 ㋑600

4 ①495，500
②600，400
③601，600，597

アドバイス **1**で，数直線（数の線）を読むときは，まず，いちばん小さい1目盛りがいくつを表しているかを考えさせましょう。②では1目盛りが1を，③では1目盛りが5を表しています。

4の②，③では，数が小さくなっていることに注意させましょう。②では100ずつ，③では1ずつ小さくなっています。

9 1000までの 数 21~22ページ

1 ①10 ②100
③960 ④998

2 ①600 ②700
③67

3 ①㋐630 ㋑970
②㋐975 ㋑1000
③800 ④993
⑤100

4 ①60 ②40
③86

アドバイス 100を10個集めた数が1000であることを理解させます。

1では，1000という数について，いろいろなとらえ方ができるようにします。数直線を使って考えさせるとよいでしょう。

2では，670という数のいろいろな表し方を考えさせることで，数のしくみを多面的にとらえられるようにします。今まで学習してきた数のしくみのまとめの問題にもなっています。

10 数の　大小　23~24ページ

1 ①>　②<　③>　④<

2 ①0，1，2，3
②7，8，9

3 ①<　②>

4 ①>　②=　③<

5 ①>　②<　③>　④>
⑤<　⑥>

6 ①0，1，2
②6，7，8，9

7 ①<　②>

8 ①<　②=　③>　④<

アドバイス　数の大小を表す記号>，<の意味を正しく理解できるようにしましょう。大>小，小<大と表します。

2の①では，百の位と十の位の数字が同じであることから，□に入る数字は4より小さいことに気づかせます。②では，一の位の数字3は0より大きいので，□には7以上の数字を入れればよいことに気づかせます。

3の①は，百の位の数字が2と3で違うことに，②は，十の位の数字が6と5で違うことに気づかせましょう。

7の①では，■に9を入れても492で，493より小さいことに，②では，■に0を入れても106で，105より大きいことに気づかせましょう。

11 1000を こえる 数の あらわし方　25~26ページ

1 ①2325　②1207
③4030

2 ①2769　②4850
③5064　④7900

3 ①3215　②2034
③4400

4 ①3825　②8907
③5076　④7030
⑤9600　⑥6008

アドバイス　**1**の③は，千の位が4，十の位が3で，百の位と一の位は何もないので0を書き，「4030」となります。84ページ「100を　こえる　数の　あらわし方」のアドバイスと同じように，位取りの表を使うと，理解しやすくなるでしょう。

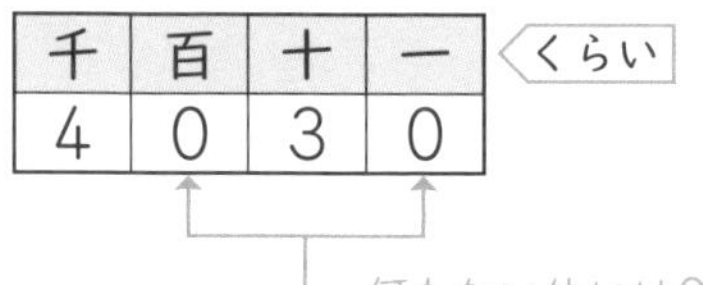

千	百	十	一
4	0	3	0

2の②では一の位が，③では百の位が，④では十の位と一の位がそれぞれ何もないので，0を書くことに気づかせましょう。

12 1000を こえる 数の しくみ　27~28ページ

1 ①3562　②4280
③2，9，7　④3986
⑤5000，400，30

2 ①7092　②5003
③8，7，4　④9，6

3 ①8000，20，9
②6000，5

アドバイス　それぞれの位の数字は，1000，100，10，1が何個あるかを表していることを理解させます。

2の①は，千の位が7，十の位が9，一の位が2で，百の位は0になることに気づかせましょう。

13 100が　いくつ　29~30ページ

1　①1600　②2800
③3000　④5100

2　①25こ　②31こ
③40こ　④67こ

3　①1400　②2900
③8000　④5600
⑤3700　⑥7800

4　①50こ　②17こ　③43こ
④65こ　⑤39こ　⑥88こ

アドバイス　4けたの数の大きさを，100を単位としてとらえる考え方を理解できるようにします。

100を10個集めると1000になることをまず理解させましょう。100円玉が10枚で1000円になることから考えさせてもよいでしょう。

1の①では，16個を10個と6個に分けて考えさせましょう。

2の①では，2500を2000と500に分けて考えさせましょう。

14 1000を こえる 数の ならび方　31~32ページ

1　①㋐1300　㋑3800
㋒5600
②㋐5000　㋑9000
③㋐4980　㋑5000

2　①7000，8000
②3000，3100
③6990，7010

3　①㋐700　㋑3300
㋒5900
②㋐4810　㋑5070
③㋐3600　㋑3750
④㋐8000　㋑8003

4　①4000，6000
②4700，5000
③7980，7990，8020

アドバイス　**1**や**3**では，まず，いちばん小さい1目盛りがいくつを表しているかを考えさせましょう。**1**の②では，1目盛りが1000を，③では，1目盛りが10を表しています。

2や**4**では，わかっている数の並び方を見て，数がいくつずつ大きくなっているかを考えさせます。**2**の②では100ずつ，③では10ずつ大きくなっています。

15 10000までの　数　33~34ページ

1　①10　②2000
③9999

2　①<　②>

3　①4000　②400
③46

4　①㋐7500　㋑9000
②㋐9950　㋑9970
㋒10000
③100

5　①<　②>

6　①200　②6000
③52

アドバイス　1000を10個集めた数が10000であることを理解させます。

1では，10000という数についていろいろなとらえ方ができるようにします。また，**4**の③では，100が10個で1000，20個で2000，…，100個で10000となることを理解させます。

16  35~36ページ

2

17 長さの　はかり方 37~38ページ

1 ①4 cm　②9 cm

2 ①8 mm　②6 mm
③3 cm 5 mm　④7 cm 4 mm

3 ㋐3 mm　㋑4 cm 5 mm
㋒7 cm 6 mm　㋓10cm 2 mm
㋔13cm 9 mm

4 ①8 cm 1 mm　②4 cm
③5 cm 7 mm

アドバイス　ものさしを使って長さをはかるときは，5 cmや10cmごとの印をもとにするとはかりやすいことに気づかせてください。

4の②は，1 cmの目盛り4つ分の長さであること，③は，1 cmの目盛り5つ分とあと1 mmの目盛り7つ分の長さであることに気づかせましょう。

18 長さを　はかる，ひく 39~40ページ

1 ①7 cm　②8 cm 5 mm
③9 cm 3 mm

2 ①
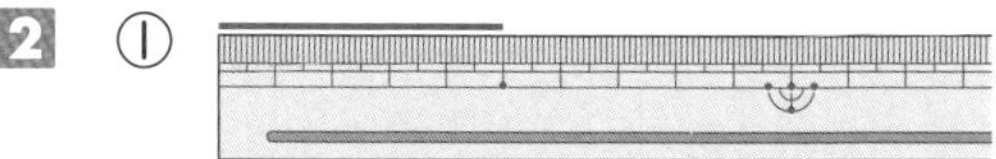
②
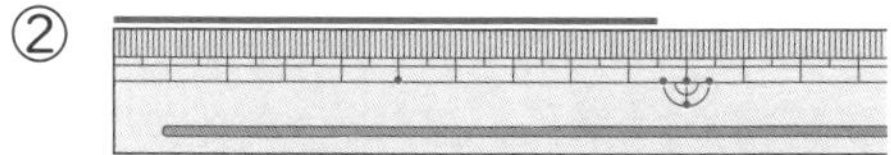
③
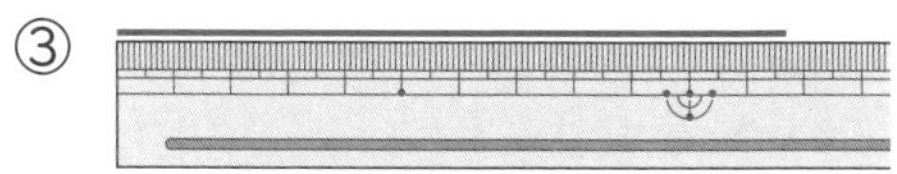

3 ①4 cm 5 mm　②6 cm 2 mm
③10cm 8 mm

4 ①
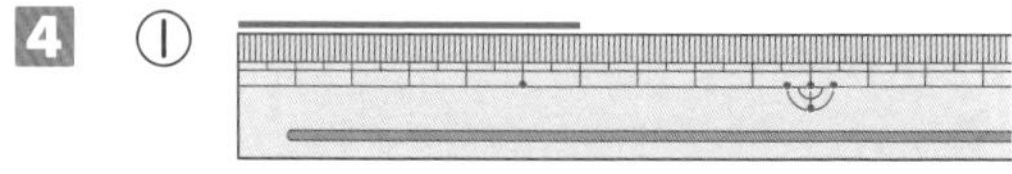
②
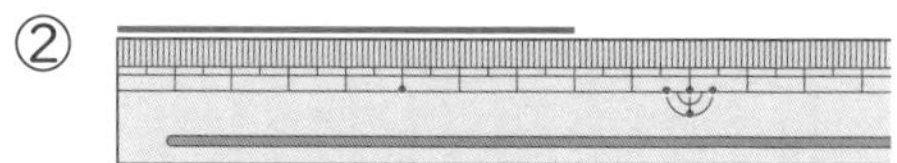
③
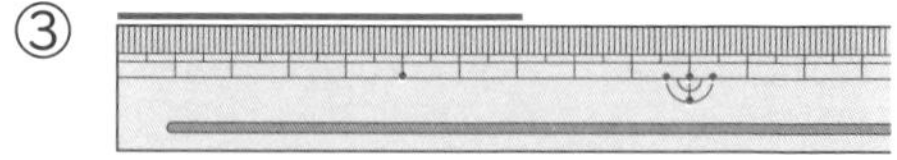
④
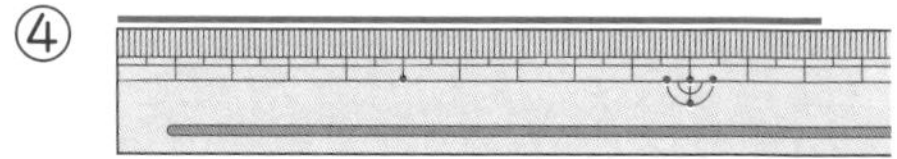

アドバイス　**1**や**3**では，直線の左はしをものさしの左はし（0の目盛り）にきちんと合わせて長さをはかるように気をつけさせましょう。

2や**4**で，直線をひいたら，その直線にもう一度ものさしを当てて，答えのように正しい長さになっているかを確認させましょう。また，直線をひくときは，ものさしの目盛りをよごさないように，目盛りのないほうを当ててひくことを心がけさせましょう。

19 cmと　mmの　かんけい　41~42ページ

1　①20　②50　③25
④43　⑤6　⑥9
⑦3，6　⑧7，1

2　①<　②>　③=

3　①40　②100　③77
④102　⑤2　⑥8
⑦6，3　⑧11，9

4　①>　②<
③=　④ >

アドバイス　1cm=10mmという関係から，cmとmmの単位換算ができるようにします。

1の③では，1cm=10mmより，2cm=20mmだから，2cm5mmは，20mmと5mmをあわせて25mmとなることを理解させましょう。⑦では，36mmを30mmと6mmに分けて，30mm=3cmより，36mmは3cm6mmとなることを理解させます。

2は，単位をそろえると長さを比べやすくなることを理解させましょう。②は，5cm5mm=55mm>49mmとなります。また，③は，10cm7mm=107mmで，左右が同じ長さですから，□にあてはまる記号は=です。10cm7mmをmmだけの単位に直したとき，17mmとするまちがいがよく見られるので，注意させましょう。

3の⑧では，119mmを1cm19mmとするまちがいをしやすいので，注意させましょう。

4の①は，7cmと6cmを比べればよいことに気づかせましょう。

20 長さの　計算①　43~44ページ

1　①17cm　②6cm3mm
③7cm　④8cm8mm
⑤3cm　⑥2cm6mm
⑦8cm　⑧5cm4mm

2　①9mm　②19cm2mm
③5cm9mm　④8cm
⑤12cm7mm　⑥3mm
⑦8cm8mm　⑧4cm3mm
⑨9cm　⑩5cm4mm

アドバイス　長さのたし算やひき算では，cmどうし，mmどうしをたしたりひいたりすればよいことを理解させましょう。

1の①は，cmの単位だけなので，9+8=17のように単位をつけない式に表してもよいことを，あわせて教えてください。

③は，4mmと6mmをたすと，10mmになりますが，10mm=1cmなので，6cmと1cmをたして7cmになることに気づかせます。

④は，5cmと3cmをたして8cm，7mmと1mmをたして8mmですから，答えは8cm8mmになります。次のように，同じ単位の長さに同じ色の下線をひくなどすると，わかりやすくなります。

5cm7mm+3cm1mm=8cm8mm

⑧は，9cmから4cmをひいて5cm，7mmから3mmをひいて4mmですから，答えは5cm4mmになります。

9cm7mm−4cm3mm=5cm4mm

21 100cmを こえる 長さ 45~46ページ

1 ①2m ②1m20cm
③1m80cm ④2m10cm

2 ①m ②mm ③cm

3 ①4 ②2，60

4 ㋐1m5cm ㋑1m22cm

5 ①m ②cm
③m ④mm

アドバイス 長い長さを，mの単位を使って表せるようにします。

1では，1mのものさしを使って長さをはかれるようにします。③，④は，5cm，10cmごとの印をもとにするとはかりやすいことに気づかせましょう。④は，1mのものさし2つ分で2mと，あと10cmで，2m10cmになります。

2や**5**では，m，cm，mmという長さの単位を適切に選べるように指導しましょう。どの単位を選べばよいか迷っているときは，3つの単位を実際にあてはめて考えさせるとよいでしょう。例えば，**2**の②のノートの厚さは，5m，5cm，5mmのどれが適切かをものさしなどを使って考えさせると，イメージをつかみやすくなります。

22 mと cmの かんけい 47~48ページ

1 ①200 ②400 ③250
④503 ⑤3 ⑥7
⑦8，20 ⑧6，6

2 ①< ②= ③>

3 ①518 ②401
③3，37 ④7，9

4 ①< ②= ③>

5 ①960cm，9m9cm，9m
②3m20cm，3m13cm，303cm

アドバイス 1m=100cmという関係から，mとcmの単位換算ができるようにします。

1の③では，1m=100cmより，2m=200cmだから，2m50cmは，200cmと50cmをあわせて250cmとなることを理解させましょう。⑦では，820cmを800cmと20cmに分けて，800cm=8mより，820cmは，8m20cmとなることを理解させます。

2の③で単位をそろえるとき，2m6cmを260cmとするまちがいをしやすいので，注意させましょう。

23 長さの 計算② 49~50ページ

1 ①25m ②7m20cm
③1m80cm ④3m24cm
⑤9m ⑥3m90cm
⑦1m20cm ⑧1m40cm

2 ①20m ②7m40cm
③1m80cm ④4m85cm
⑤4m50cm ⑥18m
⑦2m15cm ⑧1m30cm
⑨2m12cm ⑩1m10cm

アドバイス 長さのたし算，ひき算では，mどうし，cmどうしで計算すればよいことを理解させましょう。

89ページ「長さの 計算①」のアドバイスにもあるように，同じ単位の長さに同じ色の下線をひくなどして色分けすると，わかりやすくなります。

24 L，dL　51~52ページ

1 ①2L　②7L

2 ①4dL　②9dL
③6dL

3 ①1L5dL　②4L2dL
③2L3dL

4 ①3L（30dL）
②6L（60dL）
③8dL
④5dL
⑤1L3dL（13dL）
⑥2L7dL（27dL）
⑦1L8dL（18dL）
⑧3L2dL（32dL）

アドバイス　水のかさを，L，dLという単位を使って表せるようにします。

2の③は，1Lを10個に分けた1つ分が1dLであることを理解させ，1Lますの1目盛り分のかさが1dLだから，その6つ分のかさで，6dLになることに気づかせます。

25 Lと　dLの　かんけい　53~54ページ

1 ①20　②70　③16
④52　⑤4　⑥8
⑦3，6　⑧8，4

2 ①<　②>
③=　④>

3 ①90　②7　③28
④83　⑤3，1　⑥5，7

4 ①>　②=
③<　④>

5 ①42dL，4L，3L5dL
②9L6dL，94dL，8L9dL

アドバイス　1L=10dLという関係から，LとdLの単位換算ができるようにします。

1の④では，1L=10dLより，5L=50dLだから，5L2dLは，50dLと2dLをあわせて52dLとなることを理解させましょう。⑦では，36dLを30dLと6dLに分けて，30dL=3Lより，36dLは3L6dLになることを理解させます。

5では，①は42dL=4L2dL，②は94dL=9L4dLとして大きさを比べると，わかりやすいことに気づかせましょう。

26 mL　55~56ページ

1 ①10mL　②40mL

2 ①200　②500
③4　④7

3 ①<　②>　③<
④<　⑤>

4 ①30mL　②80mL

5 ①600　②2
③8　④1000

6 ①<　②>
③<　④>

7 ①1L，950mL，9dL
②80dL，5L，700mL

アドバイス　水のかさを，mLという単位を使って表せるようにします。

7では，①は9dL=900mL，1L=1000mLとして，②は700mL=7dL，5L=50dLとして大きさを比べると，わかりやすいことに気づかせましょう。

27 かさの　計算　57~58ページ

1 ①7L　②3L6dL
③3L　④5L7dL
⑤600mL　⑥4L4dL
⑦2L　⑧1L2dL

2 ①800mL　②4L5dL
③2L6dL　④5L
⑤4L6dL　⑥8L
⑦3L8dL　⑧6L1dL
⑨8L　⑩2L3dL

アドバイス　かさのたし算，ひき算では，同じ単位どうしを計算すればよいことを理解させましょう。

1の③は，5dLと5dLをたすと10dLになりますが，10dL＝1Lなので，2Lと1Lをたして3Lになることに気づかせます。

④は，4Lと1L，3dLと4dLをそれぞれたして，5L7dLになります。長さの計算のときと同じように，同じ単位のかさに同じ色の下線をひくなどすると，わかりやすくなります。

4L3dL＋1L4dL＝5L7dL

⑧は，4Lから3L，9dLから7dLをそれぞれひいて，1L2dLになります。

28 三角形と　四角形①　59~60ページ

1 ①3本　②㋐，㋓
2 ①4本　②㋐，㋒
3 ①3，直線
②四角形
4 三角形…㋐，㋖
四角形…㋒，㋔，㋗

5 直線で　かこまれて　いないから。（とじて　いないから。）（はなれて　いる　ところが　あるから。）

アドバイス　曲線があったり，角が丸くなっていたり，直線が閉じていなかったりする形は，線が3本あっても，4本あっても，それぞれ三角形，四角形ではないことを理解させてください。

1では，㋑，㋒は3本の線がありますが，㋑は曲線があり，㋒は閉じていないので，三角形ではないことに気づかせましょう。

5は，表現は違っても，閉じていないところがあるという意味の内容になっていれば正解です。

29 三角形と　四角形②　61~62ページ

1 ①2　②1，1
③1，1　④2
⑤2，1　⑥2，2

2 ①㋐，㋔　②㋑，㋒，㋕
③㋓

3 3，1

アドバイス　**1**では，①～④は2つの形に，⑤は3つの形に，⑥は4つの形に分かれることに気づかせてください。切ってできた形が三角形か四角形かは，何本の直線で囲まれているかを考えさせます。実際に，同じような形を紙にかき，それを切って調べさせてもよいでしょう。

3では，切ってできた4つの形のうち，3つが3本の直線で囲まれ，1つが4本の直線で囲まれていることに気づかせてください。

30 へん，ちょう点，直角 63~64ページ

1 ㋐ちょう点　㋑へん
㋒へん　㋓ちょう点

2 ⓘ，ⓞ

3 ①×　②○　③×　④○

4 ①へん…3つ　ちょう点…3つ
②へん…4つ　ちょう点…4つ

5 ①○　②×　③×　④○

6 ①2つ　②3つ

アドバイス　1では，三角形や四角形の，辺や頂点の意味を正しく理解させてください。

4では，三角形には辺が3つ，頂点が3つあり，四角形には辺が4つ，頂点が4つあることを確認させましょう。辺や頂点のところに○や△などで印をつけながら確認させるとよいでしょう。

5は，3と比べて直線が斜めにひかれているので，直角か直角でないかの判断がつきにくくなっています。まず予想させてから，三角定規を当てて確認させるとよいでしょう。

6では，下の図の角が直角です。②に見逃しやすい直角があるので，注意させましょう。

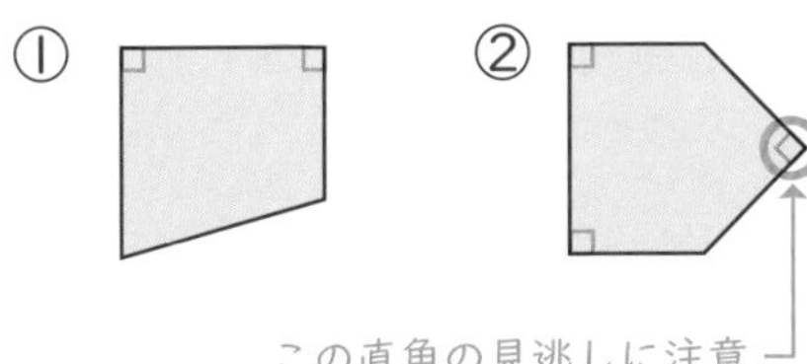

31 長方形と　正方形 65~66ページ

1 ㋐4cm　㋑6cm

2 ㋐，㋓

3 ㋑，㋔

4 長方形…㋑，㋖，㋙
正方形…㋒，㋔，㋘

5 ①正方形　②長方形

6 24cm

アドバイス　1の㋐は，長方形の向かい合っている辺の長さが等しいことから考えさせます。㋐の辺は，4cmの辺と向かい合っているので，4cmです。㋑は，正方形の4つの辺の長さが等しいことから考えさせます。

2で，㋓が長方形であることがわかりにくいときは，三角定規を使って，4つの角が全部直角になっていることを確かめさせましょう。

3で，㋔が正方形であることがわかりにくいときは，ものさしと三角定規を使って，辺の長さや4つの角を確かめさせましょう。

6では，長方形の向かい合っている辺の長さが等しいことから，まわりの長さは，5+5+7+7=24(cm)と求められることを理解させましょう。

32 直角三角形 67~68ページ

1 直角三角形

2 ㋐，㋒，㋕

3 ①×　②×　③○

4 ㋑，㋒，㋔，㋖

5 ①2つ　②×
③2つ　④4つ

アドバイス　直角三角形かどうかは，直角の角があるかどうかで判断します。2~5ではわかりにくい直角三角形もあるので，三角定規を使って確かめさせましょう。

33 長方形，正方形，直角三角形の　かき方　69~70ページ

1 〈れい〉

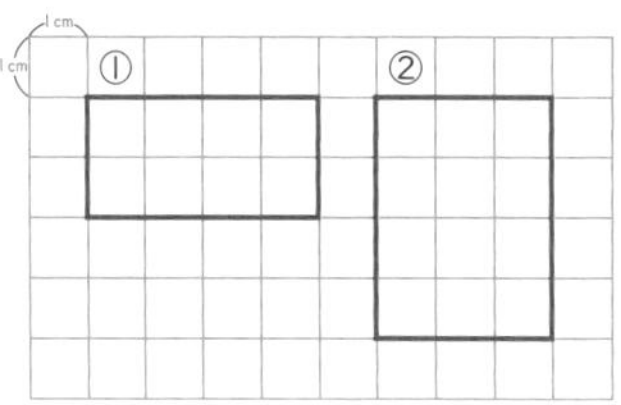

2 〈れい〉

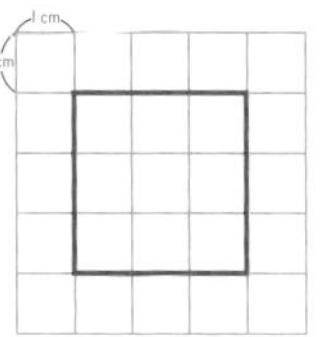

3 〈れい〉

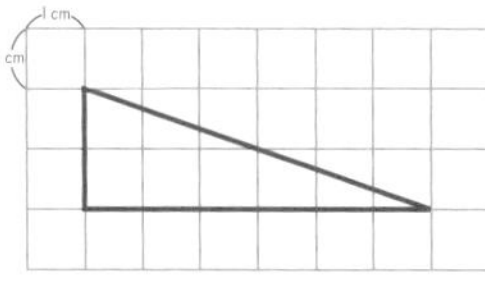

4 〈れい〉

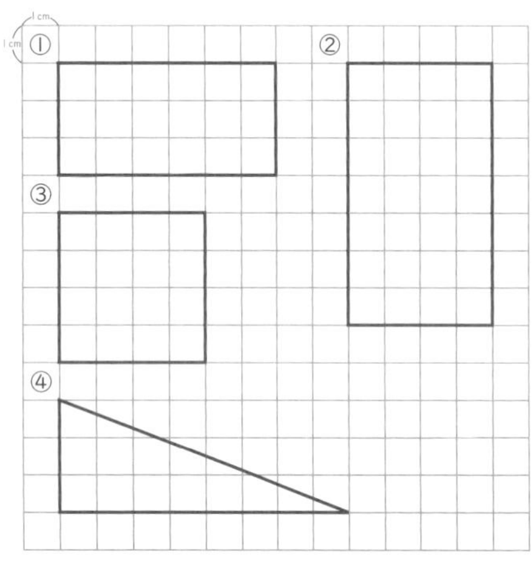

アドバイス　方眼の１目盛りが１cmであることを利用して，辺の長さを目盛りいくつ分かで求めながらかかせましょう。答えの図は例なので，答えと同じでなくても，正しい形になっていれば正解です。

方眼の線からずれないように，きちんと直線をひくことを心がけさせてください。

34 面，へん，ちょう点　71~72ページ

1 ㋐へん
㋑ちょう点
㋒面

2 ①㋑　②㋒　③㋐

3 面の　数…６つ
へんの　数…12
ちょう点の　数…８つ

4 ４cmの　ひご…４(本)
５cmの　ひご…４(本)
８cmの　ひご…４(本)
ねん土玉…８(こ)

5 ①２つ　②４つ
③４つ　④８つ

アドバイス　三角形や四角形では，辺，頂点がありますが，箱の形ではさらに面があることを理解させます。

2では，どのような形の面がいくつずつあるかに目をつけて考えさせましょう。①は，形も大きさも同じ長方形の面が２つずつ３組あります。②は，正方形の面が６つあります。③は，正方形の面が２つ，長方形の面が４つあります。

3では，箱の形には，面が６つ，辺が12，頂点が８つあることを確認させましょう。

4では，ひごが辺に，粘土玉が頂点になっていることに気づかせます。この形の箱では，同じ長さの辺が４つずつ３組あることを理解させましょう。

5は，正方形の面が２つあるので，３cmの辺は８つあることに気づかせましょう。

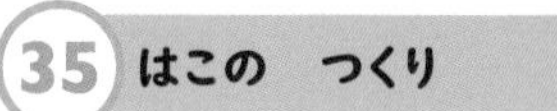

35 はこの　つくり　73~74ページ

1 ①　②　③

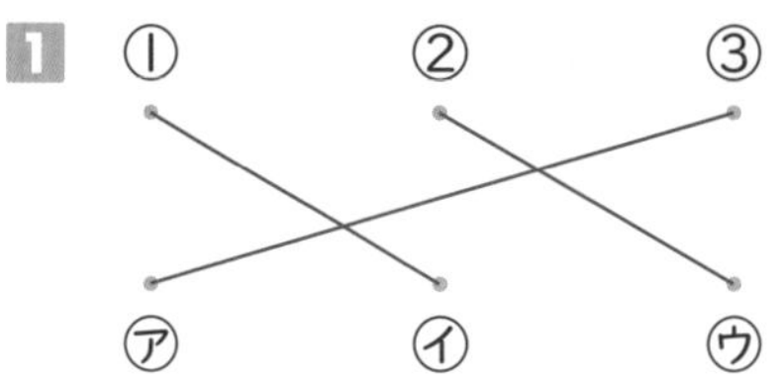

2 あの　面…かの　面

いの　面…えの　面

うの　面…おの　面

3 いの　面…かの　面

えの　面…あの　面

おの　面…うの　面

4 ①○　②○　③×

5 ㋐の　へん…6 cm

㋑の　へん…5 cm

㋒の　へん…5 cm

㋓の　へん…9 cm

アドバイス　**1**では，㋐は上と下の面が正方形で，まわりの4つの面が長方形，㋑は6つの面が全部正方形，㋒は6つの面が全部長方形になっていることに気づかせましょう。

2では，向かい合う面は形も大きさも同じであることに気づかせてください。

3では，面の形は全部同じですが，向かい合う面は1つおきに並んでいて，となり合わないことから考えさせてください。

4の③は，組み立てたときに重なる面があるので，箱の形にはならないことに気づかせましょう。

5では，組み立てたときに重なる辺や向かい合う辺がどれかを考えさせるとよいでしょう。

36 分数の　あらわし方　75~76ページ

1 あ，え

2 ①$\frac{1}{4}$　②$\frac{1}{8}$

3 〈れい〉

①

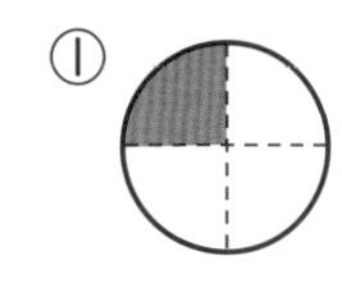

②　③

4 あ，う

5 ①$\frac{1}{8}$　②$\frac{1}{2}$　③$\frac{1}{4}$

6 〈れい〉

①

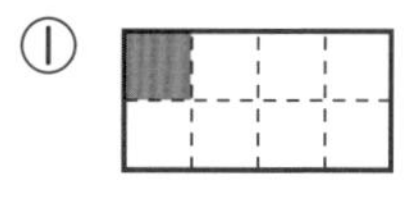

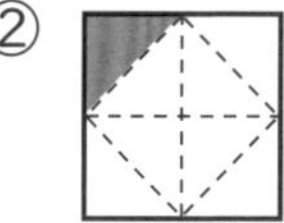

③

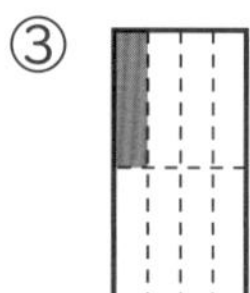

アドバイス　何等分かした1つ分の大きさを分数で表せるようにします。

分数で，分母(—の下の数)は何等分したかを表す数で，分子(—の上の1)はその1つ分を表していることを理解させてください。

1のいは，2つに分けられていますが，同じ大きさに分けられていないので，$\frac{1}{2}$ではないことに気づかせてください。

3では，$\frac{1}{4}$はもとの大きさを同じ大きさに4つに分けた1つ分だから，①～③のそれぞれで，もとの大きさを4つに分けた1つ分だけ色をぬればよいことに気づかせます。

37 分数と　もとの　大きさ　77~78ページ

1　①$\frac{1}{4}$　　②4ばい

2　①2こ　　②3こ
　③4こ　　④2ばい

3　①$\frac{1}{5}$　　②5ばい
　③10cm

4　①

● ●	● ●	● ●
● ●	● ●	● ●

　②4こ　　③3ばい

アドバイス　**1**は，㋐の長さが㋑の長さの$\frac{1}{4}$のとき，㋑の長さは㋐の長さの4倍であることを，問題の図を使って確かめさせてください。

2の②と③は，同じ$\frac{1}{2}$でも，②は3個，③は4個で違います。このように，もとの大きさが違うと，$\frac{1}{2}$の大きさが違うことを理解させてください。

3の③では，2cmの5倍の長さは$2\times5=10$(cm)と，かけ算で求められることに気づかせてください。

38 算数パズル　79~80ページ

1　たけし

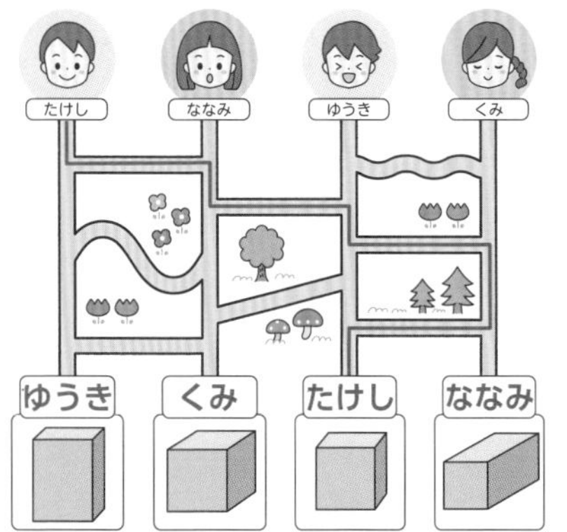

2　なつみ

アドバイス　**1**は，箱を開いた形から，2つの大きな正方形の面と4つの細長い長方形の面があることに気づかせましょう。

2は，実際のさいころを見せて，⚀と⚅，⚁と⚄，⚂と⚃が向かい合うこと，向かい合った面の目の数をたすと7になることを確かめさせてください。

39 まとめテスト　81~82ページ

1　①たかし　　②2本

2　午後3時50分

3　①800，810
　②9996，9999

4　2m60cm

5　①40　　②507
　③30　　④800

6　長方形…㋐　　直角三角形…㋒

7　①$\frac{1}{2}$　　②$\frac{1}{8}$　　③$\frac{1}{4}$

8　①8つ
　②10cm…4つ　6cm…4つ

アドバイス　**4**は，1m60cm+1mで，mどうしをたして2m60cmになることを確認させてください。